GERENCIAMENTO E COORDENAÇÃO DE
PROJETOS BIM

UM GUIA DE FERRAMENTAS
E BOAS PRÁTICAS PARA O SUCESSO
DE EMPREENDIMENTOS

O GEN | Grupo Editorial Nacional – maior plataforma editorial brasileira no segmento científico, técnico e profissional – publica conteúdos nas áreas de ciências exatas, humanas, jurídicas, da saúde e sociais aplicadas, além de prover serviços direcionados à educação continuada e à preparação para concursos.

As editoras que integram o GEN, das mais respeitadas no mercado editorial, construíram catálogos inigualáveis, com obras decisivas para a formação acadêmica e o aperfeiçoamento de várias gerações de profissionais e estudantes, tendo se tornado sinônimo de qualidade e seriedade.

A missão do GEN e dos núcleos de conteúdo que o compõem é prover a melhor informação científica e distribuí-la de maneira flexível e conveniente, a preços justos, gerando benefícios e servindo a autores, docentes, livreiros, funcionários, colaboradores e acionistas.

Nosso comportamento ético incondicional e nossa responsabilidade social e ambiental são reforçados pela natureza educacional de nossa atividade e dão sustentabilidade ao crescimento contínuo e à rentabilidade do grupo.

GERENCIAMENTO E COORDENAÇÃO DE PROJETOS BIM

UM GUIA DE FERRAMENTAS E BOAS PRÁTICAS PARA O SUCESSO DE EMPREENDIMENTOS

SERGIO LEUSIN

 **LTC**

2ª EDIÇÃO

- **Atendimento ao cliente: (11) 5080-0751 | faleconosco@grupogen.com.br**

- Direitos exclusivos para a língua portuguesa
  Copyright © 2023 by
  LTC | Livros Técnicos e Científicos Editora Ltda.
  Uma editora componente do GEN | Grupo Editorial Nacional
  Travessa do Ouvidor, 11
  Rio de Janeiro – RJ – 20040-040
  www.grupogen.com.br

- Capa: Leonidas Leite

- Editoração eletrônica:  **Hera**

- Ficha catalográfica

CIP-BRASIL. CATALOGAÇÃO NA PUBLICAÇÃO
SINDICATO NACIONAL DOS EDITORES DE LIVROS, RJ

A545g
2. ed.

    Amorim, Sergio Roberto Leusin de
    Gerenciamento e coordenação de projetos BIM : um guia de ferramentas e boas práticas para o sucesso de empreendimentos / Sergio Roberto Leusin de Amorim ; ilustração Pedro Fraga. - 2. ed. - Rio de Janeiro : LTC, 2023.
    : il.

    Inclui bibliografia e índice
    ISBN 9788595159471

    1. Engenharia civil. 2. Engenharia civil - Administração. 3. Engenharia civil - Controle de qualidade. 4. Administração de projetos - Controle de qualidade. I. Fraga, Pedro. II. Título.

22-80653

          CDD: 624
          CDU: 624:005.8

Gabriela Faray Ferreira Lopes - Bibliotecária - CRB -7/6643

Prefácio da 2ª edição

A primeira edição deste livro cobriu uma lacuna importante no mercado brasileiro, ao tratar de forma aprofundada o tema gerenciamento e coordenação de projetos em que se adota a metodologia BIM. É obra insubstituível por congêneres estrangeiros porque é fruto da aplicação prática do BIM em empreendimentos no país, considerando a cultura do setor de Construção Civil nacional.

O professor e arquiteto Sergio Leusin, ao combinar os perfis acadêmico e profissional, conseguiu produzir um material que, além de ser didático, tem caráter prático. Isso só é possível para quem, além de grande conhecimento teórico, tem larga experiência de mercado. As lições desta obra podem ser aplicadas no dia a dia daqueles envolvidos com empreendimentos de construção civil, sejam projetistas ou, mais diretamente, coordenadores de projeto ou até proprietários e construtores.

Esta segunda edição, revisada e ampliada, trouxe atualizações importantes, especialmente relacionadas com as normas ligadas ao BIM. Não deveria surpreender que a *padronização da informação* é muito importante para a *modelagem da informação* (da construção), mas isso ainda é tema pouco conhecido e, às vezes, negligenciado no mercado brasileiro. Por essa razão, o Professor Leusin liderou os esforços para a criação da Comissão de Estudo Especial de BIM na ABNT, resultando na instalação da Comissão de Estudo Especial de Modelagem de Informação da Construção (BIM) – CEE-134 em 2009. Pela mesma razão, incluiu nesta segunda edição um novo capítulo tratando das normas BIM do Brasil e outro somente dedicado à ISO 19650. Esta última é norma importantíssima para a prática efetiva do BIM, pois versa sobre o gerenciamento da informação em empreendimentos nos quais é aplicado. A tradução brasileira (NBR/ISO 19650) das primeiras partes dessa norma internacional entrou recentemente em vigor e, assim, uma publicação que divulgue e explique de forma didática seus conteúdos principais chega em muito boa hora.

Aos leitores, recomendo aproveitarem o material que têm em mãos e aplicarem esses conhecimentos, que os levarão às melhores práticas no tocante ao BIM, em sua atividade profissional.

Ao autor e amigo Leusin, parabenizo por mais esse esforço e contribuição de grande qualidade para a maior difusão e melhoria da prática da Modelagem da Informação da Construção no Brasil.

Eduardo Toledo Santos
27 de maio de 2022.

Prefácio da 1ª edição

Com alegria e deveras honrado aceitei a incumbência de prefaciar esta singular e oportuna obra sobre BIM, um processo disruptivo para o segmento da Arquitetura, Engenharia e Construção (AEC).

BIM ou Modelagem da Informação da Construção pode ser entendida como um processo de gestão e trabalho colaborativo, com integração de dados e sistemas em um ambiente inovador para os envolvidos no desenvolvimento de um empreendimento.

O atual cenário brasileiro tem absoluta carência de textos nacionais que retratem e ofereçam informações organizadas para a difusão, adoção e implantação do processo BIM.

Fruto de experimentação em situações reais, a temática do livro é de planejamento, gerenciamento e coordenação de projetos desenvolvidos com uso do processo BIM. Traz detalhes relevantes com referência a procedimentos gerenciais e ferramentas de computação e comunicação, permeados com recomendações para seu uso eficaz e adequado.

Este texto registra de forma organizada parte de um legado resultante da caminhada do autor como docente e profissional. Vem embasado em avanços de pesquisa acadêmica bem como no exercício de atividades na prática de atuação profissional no mercado. Nos capítulos se disponibilizam conhecimentos na forma de um conjunto de conceitos e boas práticas para todos os interessados em aprender e adotar o paradigma processual do BIM.

É importante registrar que o Professor Sergio Leusin é um incansável batalhador para a disseminação e adoção de tecnologias para a construção civil e obstinado entusiasta do BIM. Há mais de dez anos vem realizando a boa militância no sentido de ações para a adoção do BIM pelo governo e pelo mercado. Tem sido um artífice e protagonista de diversas iniciativas em prol de uma eficaz articulação da tríade academia-mercado-governo para o desenvolvimento tecnológico e de inovação no setor de AEC e, em especial, do BIM.

Por fim, vale agradecer ao autor, seus colaboradores e apoiadores na confecção deste livro sobre o bom uso do BIM.

Sergio Scheer
17 de abril de 2018.

Agradecimentos

Este livro surgiu de uma oportunidade que me foi oferecida pela editora, mas não seria possível sem a experiência de toda a equipe da GDP – Gerenciamento e Desenvolvimento de Projetos, nosso escritório, em especial de Raquel Canellas, Luciano Capistrano e Jano Felinto, colaboradores incansáveis, cujas dedicação e curiosidade nos levaram a explorar técnicas e métodos para alcançar os objetivos propostos, que algumas vezes pareciam intransponíveis. Por isso, os considero coautores deste trabalho, sem desmerecer os demais colaboradores, tanto da GDP como externos, que também ajudaram a construir a nossa base de conhecimentos sobre BIM.

Também seria importante citar todos os membros da CEE-134, Comissão Especial de Estudos de Modelagem de Informação da Construção, um espaço democrático de discussão e confraternização no qual inúmeras vezes encontramos incentivos e respostas a nossos questionamentos, mas como são muitos, seremos obrigados a alguma injustiça por não nomear todos.

Devo ainda agradecer a nossos contratantes desde que iniciamos a empresa, pela confiança em nossa equipe e nossas propostas, mesmo quando BIM ainda era algo um tanto incompreensível para alguns. Destaco entre eles a ATP Engenharia, a João Fortes e, principalmente, a Santa Clara Empreendimentos, pois juntos obtivemos o Prêmio Bim do Sindicato da Indústria da Construção Civil do Estado de São Paulo (SindusCon-SP).

Finalmente, agradeço a todos meus alunos, pelo convívio cheio de vontade de aprender e superar os desafios que a atividade de projeto enfrenta no dia a dia em nosso país, e aos inúmeros colegas de trabalho que compartilharam oportunidades para discutir o tema BIM em muitas cidades do Brasil.

A todos, muito obrigado.

O autor
08 de agosto de 2022.

Sumário

Capítulo 5   **Planejamento do Processo BIM, 45**

Capítulo 6   Gerenciamento do Projeto BIM, 81

Capítulo 7   Normas para o BIM, 97

Capítulo 8   ISO 19650, 111

Capítulo 1

Introdução

Desde 2018, quando foi lançada a primeira edição deste livro, a difusão do BIM (*Building Information Modelling*[1]) no Brasil avançou significativamente, com um número crescente de empresas que adotaram os processos e as tecnologias associadas. Na área governamental também houve um avanço importante, com uma sequência de ações do governo federal, hoje organizadas na Estratégia BIM BR,[2] um raro caso de continuidade de políticas públicas entre diferentes mandatos, numa demonstração de relevância do tema. Desde então, vários estados e municípios se alinharam com as ações federais.

Na área técnica neste período destacamos a fundação do BIM FÓRUM Brasil (BFB),[3] associação que busca reproduzir o modelo de organização técnica que vem tendo sucesso em vários países e que tem a intenção de se vincular ao esforço técnico de desenvolvimento do BIM liderado pela *Building Smart*.

Outro evento da maior relevância foi a tradução e a publicação pela ABNT da ABNT NBR ISO 19650-1 Organização da informação da construção – Gestão da informação usando modelagem da informação da construção[4] que veremos de modo detalhado no Capítulo 8.

A maior difusão trouxe problemas novos, em parte decorrentes da aplicação dos princípios do BIM a áreas e projetos mais amplos e complexos, mas, na maioria, como

---

[1] A ABNT CEE-124 Comissão de Estudos Especiais que desenvolve as propostas de normas para o BIM optou por "Modelagem da Informação da Construção" como tradução do conceito; porém, ao longo do texto, mantivemos o acrônimo BIM, pois seu uso já está consolidado.

[2] Para uma visão das ações propostas e em andamento, ver https://estrategiabimbr.abdi.com.br/. Acesso em: 1 ago. 2022.

[3] Ver https://www.bimforum.org.br/. Acesso em: 1 ago. 2022.

[4] As partes 1 e 2 foram traduzidas e publicadas com ABNT NBR ISO 19650 *Organization and digitization of information about buildings and civil engineering works, including building information modelling (BIM) — Information management using building information modelling*, em maio de 2022.

resultado da transformação radical na cultura de projetos, uma nova maneira de pensar e desenvolver empreendimentos, com processo baseado na colaboração simultânea, oposta à visão segmentada e linearizada que predominava anteriormente.

Paradoxalmente, essa mudança de cultura tem se revelado a maior dificuldade para a efetiva implantação de processos BIM, pois depende da alteração do comportamento pessoal de todos os membros da equipe. Enquanto *hardware* e *software* são aquisições que exigem recursos, ou seja, uma vez equacionado o investimento ele é relativamente fácil de ser executado, mudar a maneira como todos se relacionam é uma tarefa que ultrapassa uma simples qualificação e não tem roteiro bem estabelecido.

Esse aspecto reforça ainda mais a necessidade de uma abordagem diferenciada para o gerenciamento e a coordenação de projetos do setor de Arquitetura, Engenharia e Construção (AEC) realizados com uso de processo BIM. Neles, essas atividades não se limitam a organizar marcos e entregáveis de um projeto, mas gerenciar a maneira como todas as informações fluem entre os participantes, se estão suficientemente claras e acuradas e se todos os envolvidos estão compreendendo e respondendo adequadamente às demandas e aos requisitos apresentados. O escopo do gerenciamento e a coordenação de projetos foram ampliados, e a gestão da informação, tal como definida no acrônimo BIM, assume importância central e consome esforços de modo crescente.

Se há alguns anos com o simples fato do uso de um "aplicativo de projeto BIM", como o REVIT ou o ARCHICAD caracterizava o trabalho como um "projeto BIM", atualmente é preciso que não sejam usados somente "aplicativos BIM" para diversas disciplinas; o fundamental é que o processo de projeto adote os conceitos de gestão da informação, negociação e colaboração, tal como estabelecido na ISO19650 citada anteriormente. Essa norma pode ser considerada um divisor de águas, pois define um conjunto mínimo de requisitos para que ocorra uma efetiva gestão da informação da construção, os constituintes do "processo BIM".

Por isso, ao longo do texto adotamos "processo de projeto BIM", algo que inclui o uso de tecnologia, tanto *hardware* como *software*, mas não se limita a esses fatores que isoladamente não caracterizam o processo de projeto.

Disso decorre que os empreendimentos desenvolvidos com processo de projeto BIM (*Building Information Modelling*) agora apresentem diferenças ainda mais significativas com relação àqueles executados com uso dos *softwares* mais usados até o momento, seja algum tipo de CAD na concepção, ou *softwares* de planejamento de obra ou para gerenciamento de arquivos e documentos. Os fluxos de informações, as etapas e seus respectivos produtos são diferentes no processo BIM e exigem ferramentas diferenciadas não só para a concepção, mas para todas as demais atividades necessárias para o desenvolvimento do projeto, em especial aquelas voltadas à comunicação.

Desse modo, o gerenciamento e a coordenação desses projetos exigem profunda alteração nos seus métodos e ferramentas, bem como novos conhecimentos sobre o processo BIM, seus produtos e os aplicativos mais usados para a gestão do empreendimento.

A maior difusão do BIM também trouxe o desenvolvimento de enorme gama de aplicativos, e todo momento surgem novidades, o que causa necessidade de atualização frequente tanto na capacitação de pessoal como na infraestrutura técnica.[5]

Desde 2008, ano em que consideramos que tomou força a difusão e a implantação de processos BIM em construtoras e outras organizações no Brasil, ocorreram diversos casos de sucesso, mas também alguns insucessos.[6] Em grande parte, isso se deve ao desconhecimento dos gerentes e diretores de projetos das necessidades específicas desse novo processo de projeto. Ele leva à abordagem equivocada sobre como implantar processos BIM, muitas vezes acreditando que é um "produto de prateleira" ou apenas outro tipo de serviço a ser contratado, quando, na verdade, implantar processos BIM, e usufruir plenamente de seus benefícios, exige profunda reestruturação da organização, seja ela uma construtora que se limita a coordenar os projetos, ou um escritório de projetos que é responsável pelo seu desenvolvimento.

Por ser uma reestruturação profunda, é natural que existam receios para sua adoção. Mas a implantação dos processos BIM não deve ocorrer como um *tsunami* que revire a empresa dos pés à cabeça. Ao contrário, deve ser cuidadosamente planejada para que não cause prejuízos e leve à perda de oportunidade de adoção de um novo processo muito mais produtivo que o CAD. A adoção de processos BIM deve ser feita em etapas e cada uma deve ser implantada cuidadosamente, numa transformação paulatina da organização que permita uma absorção consistente dos novos processos e procedimentos por todos os participantes.

Os processos BIM dependem de tecnologia, recursos, procedimento e, fundamentalmente, pessoas. Articular essas quatro dimensões em torno da visão de processo é um desafio que passa prioritariamente pela capacitação da equipe e pela consolidação de seu conhecimento em boas práticas e procedimentos bem definidos.

Este livro pretende contribuir para que diretores e gerentes de projeto tenham uma visão mais detalhada de todas as atividades de que o BIM necessita para resultar em contribuição relevante para a rentabilidade da organização. Mas, esperamos que todos os engenheiros e arquitetos que desenvolvam projetos, planejem ou gerenciem obras tenham aqui uma oportunidade de conhecer melhor um processo de trabalho do qual inevitavelmente vão participar, uma vez que, se antes a questão não era se devíamos adotar o BIM, mas sim, quando isso acontecesse, se estaríamos prontos, agora o BIM já é uma exigência dos maiores contratantes, e todos devem estar preparados para atender a esse desafio.

---

[5] Provavelmente quando este livro for publicado, parte de nossas referências a aplicativos já estará ultrapassada, pois a velocidade de lançamentos está muito elevada e impossível de prever.
[6] Embora tenhamos acompanhado pessoalmente algumas tentativas malsucedidas não nos sentimos autorizados a citar nominalmente as empresas. Segundo o senso comum, todos aprendem mais com os insucessos do que com os casos bem-sucedidos, pois neles identificamos o que não deve ser feito, enquanto nos que correram bem apenas caracterizamos uma solução, mas não temos a certeza de que ela é a melhor.

Capítulo 2

Por que Adotar o BIM?

> *Produtividade da indústria, produtividade no projeto (concepção) e latência nas respostas e nas decisões. Benefícios para o projetista, para o construtor, fornecedores e proprietários.*

DEMANDA POR PRODUTIVIDADE E RENTABILIDADE

Estudos internacionais[1] comprovam que há muitos anos a indústria da construção vem apresentando uma queda na produtividade do trabalho, em particular se comparada com as demais indústrias manufatureiras.

Isso também ocorre quando comparamos a produtividade total dos fatores, que é uma ponderação entre os principais pontos que permitem uma visão mais abrangente da produtividade, no setor da construção com o restante da indústria, serviços e até mesmo a agropecuária.[2] Embora analisar a produtividade na construção seja uma tarefa

---

[1] Entre outros estudos sobre o tema, indicamos: Mello, Amorim. O subsetor de edificações da construção civil no Brasil: uma análise comparativa em relação à União Europeia e aos Estados Unidos, *Prod.*, v. 19, n. 2. São Paulo, 2009; Abdel-Wahab M.; Vogl, B. *Trends of productivity growth in the construction industry across Europe, US and Japan, Construction Management and Economics.* v. 29, Iss. 6, 2011; bem como o artigo *Efficiency eludes the construction industry, The Economist.* Disponível em: https://www.economist.com/news/business/21726714-a-merican-builders-productivity-has-plunged-half-late-1960s-efficiency-eludes. Acesso em: 05 set. 2017.

[2] Ver Veloso, Matos, Coelho. Produtividade do trabalho no Brasil: uma análise setorial. Texto de discussão nº 85; FGV IBRE, 2015 e FGV Projetos. *A produtividade da construção civil brasileira.* CBIC, 2017; e Sveikauskas *et al.*, *Productivity growth in construction. BLS Working Papers*, 2014.

complexa, pela dificuldade de estabelecer parâmetros financeiros comparáveis ou pela variabilidade interna no setor, em que coexistem segmentos muito mecanizados, como na infraestrutura, com outros que dependem fortemente do trabalho no canteiro, como nas edificações, esses estudos coincidem na avaliação de que o desempenho da construção é inferior aos demais setores da economia.

A comparação internacional é ainda mais difícil, mas indica que embora seja um fenômeno mundial, a diferença entre países é significativa, destacando-se a China, com ganhos acima de 7% ao ano.[3]

Entretanto, nenhum setor da economia pode ter diferenças de desempenho muito significativas em relação aos demais, sob pena de se tornar pouco atrativo para os investidores. E, em todos os setores, os ganhos de produtividade recentes ocorreram com base em uso intensivo de tecnologia de informação. A automação das indústrias automotiva e aeronáutica só foi possível a partir da adoção de tecnologias de projeto que integraram em uma mesma base de dados a concepção e a produção, assim como na agropecuária grande parte dos ganhos decorreram do uso de equipamentos vinculados a sistemas de localização georreferenciados e uso de bases de dados integradas aos sistemas de operação de equipamento e gerenciamento de rebanhos. Mesmo os ganhos por meio de melhorias genéticas dependem de análise computacionais complexas.

BIM é a base para um sistema integrado de concepção, produção e uso na construção, ou seja, é o caminho para o setor atingir patamares de produtividade mais elevados, e por extensão, rentabilidade, que sejam comparáveis aos demais setores da economia. Nessa ótica, temos fatores externos à construção que direcionam para a adoção dessa inovação.

Por reformular por completo o processo de projeto e apresentar como resultados novos produtos que, por sua vez, geram novas oportunidades e modelos de negócios, o BIM se caracteriza como uma inovação tecnológica disruptiva[4] ou radical. Isso significa que sua implantação depende de uma reestruturação da organização que o adotar, num impacto que se espraia por todos seus parceiros.

É claro que uma mudança desse porte exige investimentos e prazos, que só se justificam se os benefícios forem relevantes para todos os participantes de sua cadeia de produção, daí surgindo o questionamento sobre sua adoção, pois, no caso da construção, temos interesses e condições de participação muito variados. Como ilustra a **Figura 2.1**, ela abrange desde setores de fornecimento de materiais até a comercialização e assistência técnica e inclui segmentos informais com grande relevância no consumo e na produção geral.

---

[3] Ver Daneshgari, P., Moore, H. *Industrialization of the construction industry*. Disponível em: http://www.mca.net/PDF/industrialization-of-construction-architecture-whitepaper.pdf. Acesso em: 11 mar. 2018. *Construction's productivity puzzle, The Economist*. Disponível em: https://www.economist.com/blogs/graphicdetail/2017/08/daily-chart-17. Acesso em: 10 mar. 2018.
[4] Inovação tecnológica disruptiva é um conceito criado por Clayton M. Christensen que, em oposição à inovação incremental, introduz novos produtos para resolver novos problemas, ou mesmo criar demandas, de forma mais econômica e simples que os modos anteriores.

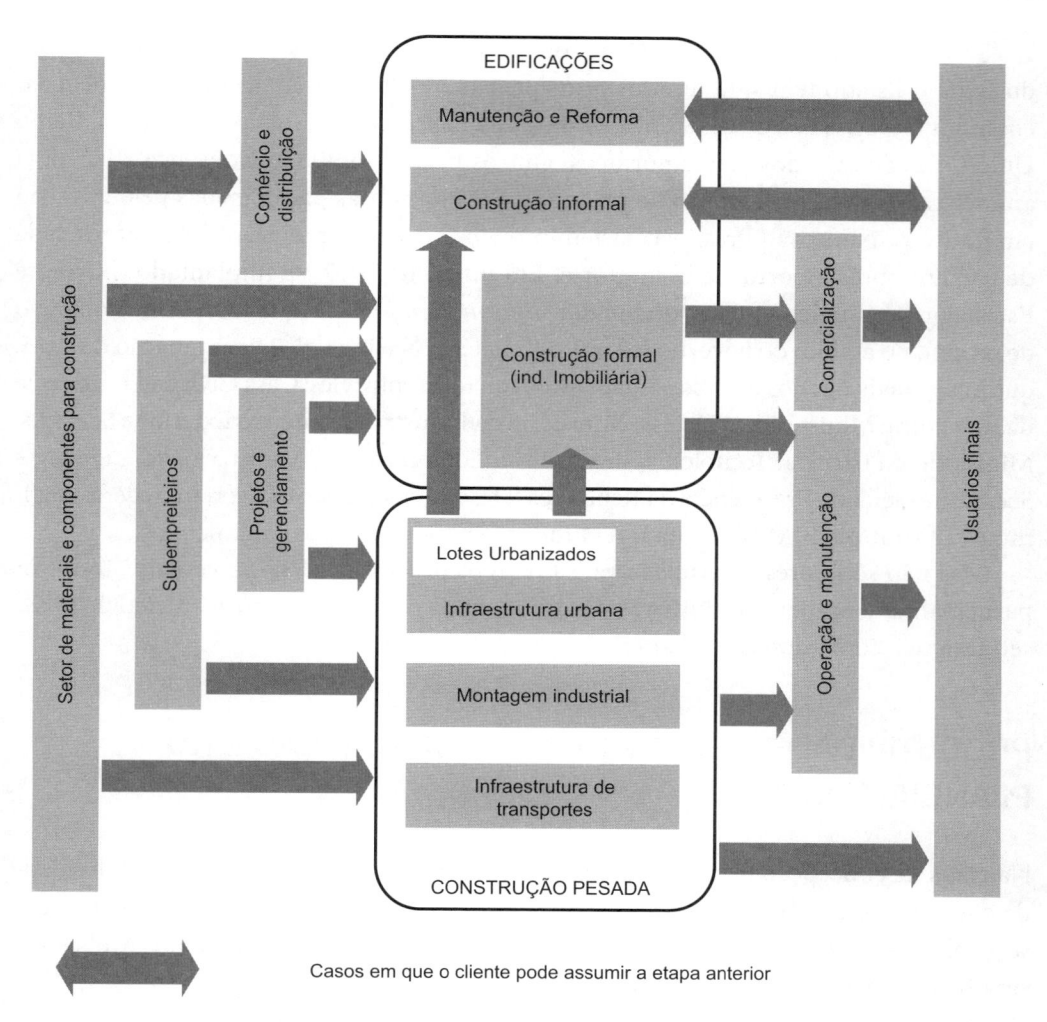

Casos em que o cliente pode assumir a etapa anterior

Figura 2.1   Segmentação da cadeia produtiva da construção.
Adaptada de: DECONCIC, 2008. Disponível em: http://az545403.vo.msecnd.net/
observatoriodaconstrucao/2015/10/deconcicpropostaindustrial.pdf. Acesso em: 5 set. 2017.

Atingir uma harmonização nos modelos de comunicação entre todos esses atores é um desafio gigantesco, em particular porque, ao contrário das indústrias aeronáutica ou automotiva, em que há predomínio da verticalização industrial, com grandes empresas capazes de impor o uso de sistemas integrados, na construção há grande dispersão de participantes, sem predominância de nenhum grupo em segmento algum. Assim, essa compatibilização de diversos modos de comunicação, base para qualquer processo de integração produtiva, terá de ser alcançada por outros meios, seja por consenso, ou pela regulamentação. Nesse caso, o Estado tem um papel primordial, pois em todos os países ele é um grande contratante e proprietário, e, também, um grande beneficiado pelo uso do BIM.

Seja para usufruir de seus benefícios ou porque deseja impulsionar a competitividade do setor, o Estado tem sido um dos principais fatores de difusão do BIM. Isso ocorreu em todos os países nos quais o processo BIM está mais difundido, como Singapura, Reino Unido, Estados Unidos países nórdicos. Outros países, como Chile, França e Japão, já anunciaram a exigência de uso de processos BIM nas obras patrocinadas pelo governo em futuro próximo. No Brasil, já existem projetos de lei que preveem a obrigatoriedade de uso em obras a partir de certo porte. Em junho de 2017 foi implantado o Comitê Estratégico de Implementação do *Building Information Modelling* (BIM),[5] com o objetivo de propor, no âmbito do governo federal, a Estratégia Nacional de Disseminação do BIM, que integra as ações dos diversos órgãos ali envolvidos, entre eles: Casa Civil da Presidência da República; Ministério da Defesa; Ministério da Indústria, Comércio Exterior e Serviços; Ministério da Ciência, Tecnologia, Inovações e Comunicações; Ministério das Cidades; e Secretaria Geral da Presidência da República. Desde então, diversos decretos federais definiram a Estratégia BIM BR e foram replicados por vários estados e municípios.

Mas não só fatores externos impulsionam os processos BIM; na verdade, todos os participantes da cadeia produtiva têm ganhos, ainda que a relação custo-benefício possa ser desigual, como descrito adiante.

PRODUTIVIDADE E EFETIVIDADE NA CONCEPÇÃO E NO PLANEJAMENTO

Na etapa de concepção temos duas qualidades importantes que afetam a produtividade da construção: a latência nas respostas e decisões e a efetividade das soluções, ou seja, se a solução indicada realmente atende aos requisitos do empreendimento. Ambas são significativamente melhoradas com o uso de processos BIM.

A questão da latência nas respostas e decisões nos processos CAD ou tradicionais está intimamente vinculada ao fato de o processo ser sequenciado e segmentado, como ilustrado na **Figura 3.2**. Cada consulta deve ser direcionada a um especialista por vez e nem sempre basta uma disciplina para obtermos a melhor solução; por isso, os processos decisórios implicam diversas consultas, resultando em prazos bastante longos para atingir o consenso.

Por outro lado, no processo de projeto BIM a comunicação é síncrona, direcionada a todos os participantes de modo simultâneo e com todos habilitados a acessar a base de dados na qual a questão foi apresentada e as soluções devem ser sugeridas. Isso permite uma abordagem de colaboração entre os parceiros, em que todos podem perceber as necessidades dos demais, facilitando enormemente e melhorando a qualidade do processo decisório.

---

[5] Decreto de 5 de junho de 2017, que "institui o Comitê Estratégico de Implementação do *Building Information Modelling*". Em 2 de abril de 2020 foi publicado o Decreto 10.306, que estabeleceu a Estratégia BIM BR.

Além disso, o BIM permite diversos tipos de simulações, tanto de processos como de produtos, o que possibilita que diversas soluções possam ser previamente testadas e comparadas entre si de modo relativamente fácil. Isso tanto pode ser, por exemplo, a análise de diferentes propostas de cenários de aproveitamento em estudos de viabilidade, como o estudo de fluxos de pessoas em um local público, o consumo de energia ou o sequenciamento na execução da obra. Essas simulações são particularmente importantes para o planejamento da obra, pois permitem avaliar com bom grau de confiança se o cronograma físico proposto é realmente efetivo e viável.

Esses aspectos resultam nos principais ganhos que as organizações de projeto podem obter em decorrência da implantação de processo de projeto BIM:

- Maior produtividade, expressa em horas técnicas por metro quadrado de projeto. É razoável estimar um incremento entre 25 e 50% a partir do momento em que a equipe domine os processos.
- Maior rentabilidade por posto de trabalho (idem).
- Redução de prazos de serviços (embora nas etapas iniciais do projeto haja um incremento de consumo de recursos, isto é amplamente compensado nas etapas finais, sendo os prazos totais reduzidos em cerca de 25%).
- Redução de revisões, a principal causa de retrabalho; alguns estudos chegam a indicar 90% de redução.
- Potencial de oferta de novos serviços e produtos, como quantitativos de alta confiabilidade, animações *walk-through* e experiências de realidade virtual entre outros que, por sua vez, melhoram a competitividade e o posicionamento de mercado da empresa, assim como seu faturamento.

Entretanto, para o monitoramento desses ganhos é imprescindível elaborar um sistema de controle de desempenho e seguir uma classificação dos serviços conforme seu porte e complexidade; caso contrário, as comparações não serão válidas. Porém, uma das primeiras dificuldades no Brasil é o fato de que poucas empresas fazem controle desses indicadores, e a implantação desses sistemas de monitoramento muitas vezes é um primeiro passo para a melhoria dos processos.

Outro aspecto importante a considerar é o fato de que a implantação de BIM em escritórios de projeto exige investimentos muito relevantes quando cotejados com o faturamento dessas empresas, em particular no caso brasileiro. Se comparado com países europeus, Estados Unidos ou países asiáticos, o setor de projetos no Brasil sofre com baixa valorização de seus serviços, ao lado de uma elevada taxação, tanto nas empresas como nos equipamentos e *softwares*. Esses motivos fazem com que, proporcionalmente, no Brasil, o investimento na implantação do BIM seja muito mais pesado para projetistas que em outros segmentos da construção, ou quando comparado com empresas de projeto desses países.

Ainda assim, a experiência tem demonstrado que os resultados são compensadores, mesmo que dados de levantamentos mais precisos ainda não estejam disponíveis. Porém, para o sucesso da implantação são fundamentais planejamento cuidadoso e, ponto importante, completa revisão dos procedimentos de projeto e de contratação dos serviços. Para o sucesso do BIM é necessário investir em infraestrutura tecnológica, mas principalmente em pessoas, que certamente são o ponto o mais importante. Equipamentos podem ser comprados e substituídos com relativa facilidade, a operação de um aplicativo depende, em geral, de algumas horas de treinamento; porém, o domínio do processo de projeto exige larga experiência, e traduzi-la para o ambiente BIM também vai exigir prazos significativos. O maior patrimônio de uma organização de projeto ou de construção é o conhecimento de seus colaboradores, e adaptar esse conhecimento a um novo processo é imprescindível para a implantação bem-sucedida do processo de projeto BIM.

BENEFÍCIOS DO BIM PARA O SEGMENTO DE CONSTRUTORES E SUBEMPREITEIROS

Para as empresas no segmento de construção propriamente dita os benefícios são mais substanciais e o investimento com relação ao faturamento é bem menor; porém, um bom planejamento da implantação continua indispensável. Evidentemente, para a construtora implantar processos de projeto BIM é indispensável ter projetos desenvolvidos em BIM, mas a maioria das empresas do ramo subcontrata os projetos.

Engana-se, porém, quem julga que para essas empresas basta "comprar" os projetos desenvolvidos em processo BIM, pois para se atingir os benefícios previstos é imprescindível ter profissionais capacitados, *softwares* e infraestrutura tecnológica adequada e, o mais importante, adequar seus procedimentos e controles administrativos às características e demandas do processo BIM.

Em geral, os primeiros interessados na implantação do BIM nas empresas são os funcionários da área técnica, pois são eles que sofrem rotineiramente com os problemas de projetos mal resolvidos, orçamentos e cronogramas com excesso de erros etc. Porém, o foco da inovação não deve ser a correção desses sintomas e sim a eliminação da origem dos problemas, para que seja possível melhor desempenho da empresa.

Nesse sentido, um dos aspectos mais importantes é a revisão de procedimentos administrativos relacionados com a contratação dos serviços, em paralelo com a reestruturação do relacionamento com os projetistas parceiros. Finalmente, o treinamento do pessoal do campo no uso de ferramentas de gerenciamento das operações e sua contribuição no desenvolvimento nas etapas iniciais do projeto são essenciais para o sucesso da implantação.

Os objetivos específicos do BIM nas empresas de construção são diferentes daqueles de uma empresa de projetos, ainda que compartilhem metas comuns nos empreendimentos. Elas buscam, fundamentalmente, melhorias na previsibilidade do empreendimento ou da parte que está sob sua responsabilidade, o que se traduz em quantitativos e planejamento confiáveis, bem como projetos que atendam aos requisitos de qualidade e rentabilidade do empreendimento. Com apoio do BIM é mais fácil atingir os objetivos e embora esse tipo de informação raramente seja compartilhado, pois é um aspecto estratégico para as empresas, a bibliografia[6] existente indica como resultados mais relevantes:

- Redução nos prazos de obra, sendo comum indicarem ganhos acima de 5%.
- Redução nos custos de obra, também acima de 5%.
- Aumento da produtividade da mão de obra no canteiro, em especial a de controle e gestão da obra.
- Maior confiabilidade e acurácia nos orçamentos e cronogramas, o que significa também maior previsibilidade e menor risco para os empreendimentos.
- Maior confiabilidade e qualidade, em especial a conformidade com os requisitos dos clientes, nos produtos ofertados.

Esses aspectos resultam da melhoria da qualidade dos projetos, seja por conta da diminuição de erros, por soluções mais convenientes e analisadas com mais profundidade, ou ainda pela maior precisão dos dados de quantitativos e especificações. O uso de simulações e a análise de dados de clientes em grandes volumes (*big data analysis*) são ferramentas cruciais para esses objetivos e o BIM facilita sua aplicação.

Neste contexto as ferramentas de controle de qualidade de modelo,[7] mais conhecidas pela sua capacidade de verificação de conflitos (*clash detection*), cumprem um papel importante, mas para atingir resultados consistentes devem ser aliadas aos sistemas de comunicação e colaboração BIM.[8] Porém, a verificação de conflitos vai muito além desses benefícios, pois ao simular a construção realizada e detectar precocemente os problemas, ela evita perdas substanciais na etapa de obra, além de permitir a avaliação de novos processos e impulsionar a integração das equipes

Outros ganhos, ou a intensificação destes, podem ser esperados à medida que a cadeia produtiva obtenha maior integração, em especial por meio dos recursos de fabricação digital e automação nos procedimentos de suprimentos e logística em geral. Além disso, na construção, a inovação tecnológica baseada em aplicações de TI (tecnologia da informação) é recente e certamente vão surgir novas ferramentas que contribuirão para a maior competitividade do setor.

---

[6] Várias fontes de estudos podem ser acessadas, mas destacamos o *Centre for Digital Built Britain* (https://www.cdbb.cam.ac.uk/), com alguns trabalhos recentes, e o interessante artigo de Dave Peacock, disponível em https://www.bimplus.co.uk/bim-from-cost-factor-to-sustainable-profit/#. Entre os estudos anteriores indicamos: *SmartMarket Report. The business Value of BIM for Construction in Major Global Markets.* MacGrawHill Construction, 2015; *SmartMarket Brief. BIM Advancements* n. 1, 2017; e o *NBS National BIM Report 2017.* Disponível em https://www.thenbs.com/knowledge/nbs-national-bim-report-2017. Acesso em: 18 ago. 2017.
[7] Como SOLIBRI®, NAVISWORKS®, ACCA® usBIM, BIMCOLLAB ZOOMPRO®, BENTLEY NAVIGATOR® etc.
[8] Como BIM COLLAB®, BIMSYNC®, BIMTRACK®, REVIZTO®, Trimble Connect® etc.

BENEFÍCIOS E OPORTUNIDADES PARA FORNECEDORES PARA A CONSTRUÇÃO

No contexto do processo de projeto BIM os fornecedores de produtos e materiais têm um papel essencial, pois cabe a eles produzir as representações virtuais de seus produtos, inclusive com as informações de desempenho pertinentes. São os denominados "componentes BIM"[9] ou "objetos BIM", e o modelo BIM será constituído basicamente por esses objetos virtuais.

Embora nas etapas iniciais do projeto esses componentes de fornecedores não sejam normalmente utilizados, pois deve se dar preferência aos objetos genéricos ou mesmo apenas a uma modelagem de volumes ou massas, quando o nível de evolução avança é necessária uma representação virtual perfeitamente coerente com o que realmente será utilizado no canteiro. Por isso, os objetos BIM produzidos pelos fornecedores devem ter um nível de desenvolvimento (ND ou LOD) 300 ou superior, pois precisam conter informações completas de geometria, pontos de conexão etc. Também devem ser inseridos os dados necessários aos de usos previstos, por exemplo, a pressão de serviço, no caso de tubulações que serão acessadas pelos aplicativos de cálculo de vazão. Já no caso de equipamentos, é preciso esclarecer quais serão suas demandas de energia, água ou esgotamento etc. Esses dados serão utilizados não só por aplicativos de análise como também para sistemas para suprimentos e logística e, após a entrega da obra, por sistemas de gerenciamento da instalação (FM – *facilities management*).

O fornecedor é o responsável por esses dados, que algumas vezes podem incluir referências a terceiros, como no caso de certificações e, em caso de problemas em virtude da má qualidade dessa informação, pode vir a ser responsabilizado, daí a importância de garantir sua origem. Para isso, ele deve manter um controle de versões desses componentes, bem como de sua distribuição, para que possa efetuar uma atualização em caso de necessidade.

Esses controles de distribuição e publicação são relativamente complexos e são um dos motivos para as empresas preferirem publicar esses componentes BIM por meio de sistemas especializados, como BIMSTORE, ARCAT e outros. Destaca-se, também, a ocorrência de sistemas de distribuição apoiados ou operados diretamente por órgãos governamentais, como a NBS National BIM Library, do Reino Unido, e a Biblioteca BIM BR, um sistema brasileiro atualmente a cargo da Agência Brasileira de Desenvolvimento Industrial (ABDI).[10] Essas iniciativas também visam a atender à demanda por "componentes genéricos", ainda sem definições de modelo ou marca, mas que possam ser utilizados

---

[9] Essa denominação é a adotada no âmbito da CEE-134 da ABNT, por isso a usamos no texto. Por outro lado, algumas normas, como a ISO 16757 *Data structures for electronic product catalogues for building services* e o Regulamento Técnico de Objetos BIM da BNBIM adotam o termo "objetos BIM".
[10] https://plataformabimbr.abdi.com.br/bimBr/#/objetos. Acesso em: 20 abr. 2022.

em etapas iniciais dos projetos, em que ainda não devem constar referências a modelos e seus fornecedores, como no caso de projetos básicos governamentais, ou, simplesmente, porque ainda não é o momento para essa decisão.

Componentes genéricos, porém, devem respeitar as características mais relevantes dos diferentes produtos disponíveis no mercado, como suas dimensões máximas, potência de consumo máxima e mínima e zonas nas quais se situam as conexões, ou seja, deve ser possível substituí-los no momento adequado pelo modelo de produto desejado, sem grandes interferências sobre outros elementos do projeto. Por conta disso, seu desenvolvimento não é tão simples, pois devem ser feitas consultas a diversos fabricantes, sendo ideal que sejam desenvolvidos por associações de fabricantes. Ao mesmo tempo, essa estratégia facilita o desenvolvimento de linha própria de componentes completos por cada fabricante, que poderá desenvolvê-los tomando por base os genéricos, apenas fixando ou acrescentando as suas características individuais.

Isso leva à uma questão importante, o modelo de licenciamento autoral do objeto virtual. Como ele será distribuído para inserção em diversos projetos, por projetistas diferentes, o sistema de distribuição deve caracterizar essa licença de reprodução. Um modelo interessante são as licenças de padrão aberto (*open source*), em que os usuários podem alterar o conteúdo, sendo possível definir limites e atribuir responsabilidades. A organização Creative Commons oferece diversos modelos para esse tipo de licenciamento; porém, nenhum que corresponda exatamente às necessidades em questão (vamos nos aprofundar nesse tema na seção Monitoramento de projetos BIM do Capítulo 6).

Os componentes BIM podem conter um sem-número de dados, tanto textos como *links*, o que é particularmente interessante para os fornecedores que, junto com o objeto, podem comunicar informações sobre manutenção e uso, *links* para manuais, certificações e outros documentos que possam ser de interesse dos usuários de todo o ciclo de vida do produto.

Também podem ser distribuídos componentes inteligentes, que auxiliam o projetista, em geral na forma de *plugins* para aplicativos de projeto que automatizam parte do trabalho do projetista; por exemplo, desenvolvendo, a partir de algumas premissas, toda a representação de um telhado, inclusive com quantitativos de peças, ou podendo gerar os elementos de uma parede *drywall* ou de alvenaria modular. Isso é um diferencial importante, pois ao facilitar o uso pelo projetista ele induz a especificação de seus produtos.

Os sistemas de publicação centralizados permitem análises da distribuição, tanto geográfica como por tipologia do usuário, ou a avaliação de desempenho entre produtos concorrentes, o que constitui uma excelente ferramenta para as estratégias de marketing da empresa e uma vantagem comparativa com a distribuição independente, apenas no *site* da empresa.

A facilidade de integrar a fabricação digital com a concepção permite a oferta de produtos individualizados ou complexos a custos menores. Nesse caso é imprescindível a participação dos especialistas da empresa no desenvolvimento das propostas dos produtos, para garantir a viabilidade e a otimização da execução.

O conjunto desses aspectos permite que a empresa se diferencie e obtenha maior penetração no mercado. E a melhor integração da cadeia produtiva reduz os custos de logística e comercialização.

BENEFÍCIOS DO BIM PARA PROPRIETÁRIOS

Em tese, proprietários e operadores de edificações são os maiores beneficiados pela adoção do BIM na cadeia produtiva, tanto pelo fato de que os ganhos de produtividade precedentes tendem a se traduzir em reduções de custos de aquisição, assim como pelos ganhos na qualidade do produto entregue, conforme os requisitos do cliente/proprietário. Entretanto, como o uso do BIM nessa etapa ainda está em seus primeiros passos, pois depende de ter sido aplicado nas fases anteriores, ainda temos poucos resultados de sua aplicação, e nenhum empreendimento desenvolvido com uso de BIM teve todo seu ciclo de vida monitorado.

Porém, já é consolidado que cerca de dois terços do investimento nas edificações ocorrem ao longo de sua vida útil, por meio de atividades de manutenção, operação e reformas. Como se trata de um período longo, de 20 anos ou mais, mesmo que o valor anual seja relativamente baixo, os resultados no longo prazo são consideráveis. E o uso do BIM nesses processos também vai resultar em melhores produtividade e rentabilidade nessas operações.

Entre os benefícios decorrentes, podem ser listados:

- Todos os dados relativos a espaços, compartimentos, acabamentos, equipamentos, rotinas de manutenção etc., necessários para a operação e a manutenção não necessitam de reprocessamento, o que reduz o custo, o prazo para entrada em operação e os erros e omissões.
- Os dados têm maior acurácia e resultam em operações de manutenção mais precisas, com menor tempo de resposta e menores custos de energia, água e outros insumos
- A eficácia na gestão das informações resulta em redução dos custos de contrato de manutenção entre 3 e 6%.[11]
- A disponibilização dos dados atualizados facilita as inevitáveis reformas e adaptações durante a vida útil da edificação e, posteriormente, para a demolição ou reúso e recomissionamento.
- Estudos demonstram que o investimento para a implantação de sistemas BIM na gestão de *facilities* tem um retorno (ROI) muito rápido, menor que 2 anos em uma situação típica.[12]

---

[11] Conforme *GSA BIM GUIDES Series 008*. Disponível em: http://www.gsa.gov/bim. Acesso em: 04 nov. 2022.
[12] Ver Teicholz, P. *BIM for Facility Managers*. IFMA, IFMA Foundation, 2013.

Outros benefícios menos evidentes também devem ser contabilizados, como mais conforto em decorrência do uso de melhor gestão dos sistemas de condicionamento de ar, menos paradas de manutenção imprevistas, extensão da vida útil de equipamentos em virtude de manutenção mais precisa etc. Para isso é preciso que as informações de todos os produtos que compõem a obra estejam adequadamente inseridas em um modelo BIM "*As Built*", uma representação virtual da edificação exata, complementada por todos os dados necessários a operação, uso, manutenção e descartes da edificação.

Para facilitar a organização e a comunicação desses dados foi criado um padrão de organização para eles, o *Construction Operations Building Information Exchange* (COBie). Como é distribuído usualmente em uma planilha, muitas vezes o padrão é confundido com esse formato de distribuição, porém, na verdade, o padrão é a estrutura de dados inserida na planilha, que pode ser utilizada, com ganhos de eficiência e usabilidade, em um banco de dados, como SQL Server, ACCESS ou outro qualquer.

O padrão COBie responde a três questões básicas: quais são os espaços ou compartimentos e seus equipamentos, onde o responsável pela sua manutenção deve acessar o equipamento e como esse equipamento deve ser operado e mantido. O fornecimento dos dados da edificação neste formato padrão é obrigatório no Reino Unido e para diversas agências governamentais nos EUA. Junto com o modelo BIM, ele facilita a adoção de sistemas de gerenciamento da instalação – FM, pois como os dados em cada componente BIM ainda não estão completamente normalizados, podem ocorrer dificuldades de interpretação conforme o sistema de FM utilizado. Enquanto na concepção e na coordenação de projeto existem esquemas formais para a interoperabilidade, os formatos IFC e BCF, os sistemas de FM ainda não definiram um padrão, sendo utilizados formatos proprietários, o que dificulta eventuais trocas depois do início da operação.

No momento, esse tipo de tecnologia vem sendo mais aplicada em edifícios especializados, sejam industriais, prisionais, hospitalares ou mesmo comerciais de alto padrão, em que o volume de equipamentos e a criticidade da operação justificam a sua adoção. Mas, à medida que residências e escritórios comuns passam a incorporar cada vez mais sistemas de automação e controle, os sistemas de gerenciamento da instalação terão mais importância, sejam centralizados ou não.

Capítulo 3

Fluxo do Processo de Projeto BIM: Novas Etapas e Novos Produtos

Conceito de processo, caracterização do processo BIM, estágio de maturidade, fases e etapas de projeto em processo BIM.

VISÃO DE PROCESSO

Certamente, ao longo deste livro, a palavra mais utilizada é "processo", entendido como *"um conjunto de atividades inter-relacionadas ou interativas que utilizam entradas para entregar um resultado pretendido"*, como definido na norma ISO 9001:2015 – Sistema de Gestão da Qualidade. Como representado na **Figura 3.1**, o esquema geral de um processo da construção é bastante simples.

As entradas podem ser materiais, componentes (insumos) ou apenas informação e as saídas serão resultados da construção, que podem ser elementos, produtos da construção ou mesmo informações reprocessadas, como os documentos de um projeto de arquitetura.

Além das entradas, um processo necessita de agentes, ou seja, pessoas ou mesmo máquinas que executem tarefas, e requisitos ou restrições, que definem as condições de realização do processo e suas saídas.

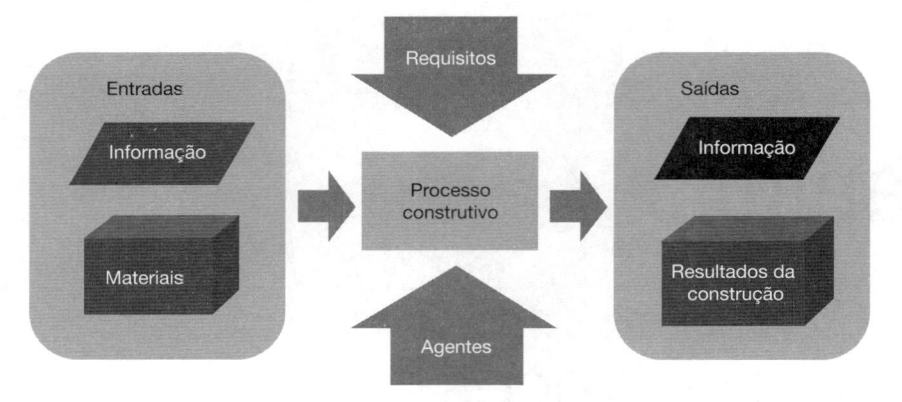

Figura 3.1 Esquema de processo construtivo.
Adaptada de: Leusin de Amorim SR. Desenvolvimento de terminologia e
codificação de materiais e serviços para construção. *Coleção Habitare*, v. 6, cap. 8. FINEP.

Requisitos são fundamentais para a obtenção dos resultados esperados, e a norma ISO 19650 vai destacar a sua importância para o sucesso do empreendimento. Se não existir um objetivo bem definido, será impossível gerenciar o projeto e cumprir as metas.

DE QUE BIM ESTAMOS FALANDO?

O conceito de BIM não é novo, tendo sido proposto por diversos autores ainda na década de 1970.[1] Porém, somente com a popularização de microcomputadores potentes, mas relativamente baratos, e a padronização de um formato de referência, com a publicação da norma ISO-PAS 16739:2005, *Industry Foundation Classes, Release 2x, Platform Specification* (IFC2x Platform), teve início uma efetiva difusão de seus processos e tecnologias.

Embora o modelo 3D seja talvez a parte mais visível do BIM e frequentemente ocorram percepções equivocadas, limitando o BIM ao 3D; na verdade, os processos BIM são bem mais complexos, ainda que a base de todos seja "um modelo BIM". Porém, ele se caracteriza por cumprir uma série de funcionalidades muito além da representação 3D, pois ele é composto por "objetos virtuais".

Assim, não é possível criar uma porta sem existir a parede que a sustente, que é o objeto hospedeiro da porta.[2] Esses objetos virtuais contêm dados que permitem extrair

---

[1] O conceito provavelmente foi apresentado pela primeira vez em 1974 por Chuck Eastman, como BDS (*Building Description System*) no então *AIA Journal*. Já a terminologia *Building Modeling* tem circulado desde 1986, e em dezembro 1992 F. Tolman utilizou *Building Information Modeling* em artigo no *Automation in Construction*.

[2] O conceito de elemento hospedeiro está presente nos diversos aplicativos usados em concepção, porém nem sempre com a mesma relação entre os elementos e não é necessário para algumas classes de objetos.

quantitativos, relatórios de especificações e visualizações coordenadas de qualquer ponto do modelo, bem como todo tipo de associação para a criação de cronogramas, controle de obras e, quando da finalização da obra, a operação da edificação.

Para isso, o desenvolvimento do modelo deve ser, forçosamente, um processo colaborativo entre profissionais de diversas especialidades, que atuam de modo coordenado e simultâneo.

Já no processo CAD as trocas de informações dependem fundamentalmente de documentos gráficos. Para facilitar e organizar esse intercâmbio são definidas fases ou etapas de projeto, quando são realizadas as análises se as soluções de cada disciplina são compatíveis entre si são realizadas, a atividade de "compatibilização", como ilustra a **Figura 3.2**.

Mas a compatibilização nada mais é que corrigir erros ou inconsistências de projeto, ou seja, retrabalho. Após cada rodada de "compatibilização' quase sempre são necessários ajustes na concepção e, por decorrência, na documentação, o que representa grande volume de retrabalho. Também podem existir diversas rodadas em uma mesma etapa caso a coordenação não seja muito efetiva nas análises das soluções. Esse fluxo se repete a cada etapa do desenvolvimento do projeto e as disciplinas dependem do término da documentação das demais para que seja possível considerar os conflitos e requisitos derivados, o que exige um sequenciamento da produção, levando a prazos maiores para a execução do projeto.

Ao contrário do processo de projeto CAD, em que cada disciplina deve aguardar o avanço de outras precedentes, sempre com a publicação de uma série de documentos gráficos, sejam plantas, cortes ou vistas, complementados por relatórios desconectados desses gráficos, no processo BIM a comunicação entre os participantes é síncrona e bidirecional, pois todos podem acessar uma base de dados comum, o modelo BIM, como mostra a **Figura 3.3**.

É bem verdade que falar de "um modelo BIM" talvez não reflita toda sua complexidade, pois muito raramente ele se compõe de diversos modelos conjugados, cada um de uma especialidade técnica e, em alguns casos, subdivididos por setores da edificação.

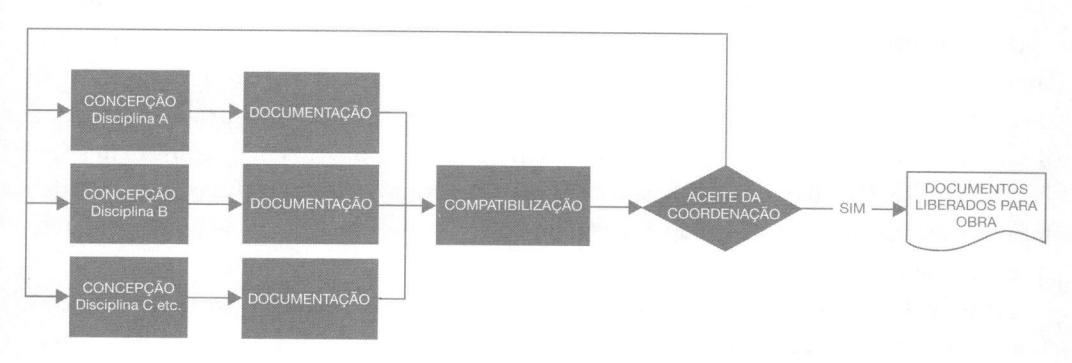

Figura 3.2   Fluxo do processo de projeto CAD.

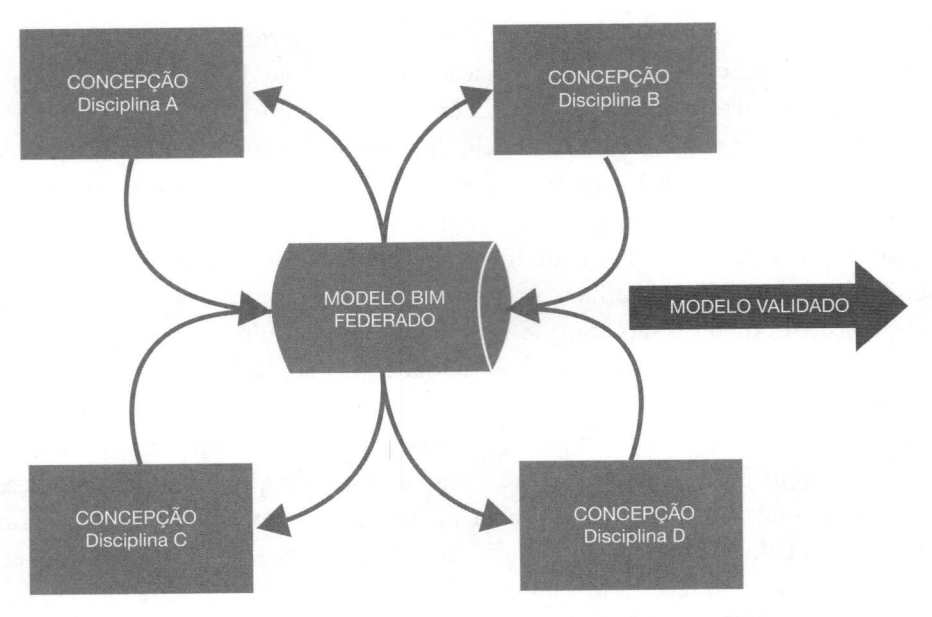

Figura 3.3 Processo colaborativo simultâneo no BIM.

Como veremos adiante, existem vários "modelos BIM" simultâneos e coordenados. A vinculação de todos eles entre si, respeitando algumas regras básicas, constitui o que se denomina um **"Modelo Federado"**, ao qual todos podem acessar, porém cada projetista só consegue alterar o que for de sua própria autoria. Esse modelo permite que todos os participantes visualizem as demais disciplinas, tornando possível que façam suas tarefas considerando as limitações decorrentes das outras disciplinas ou regras definidas pela co-ordenação e que identifiquem de modo imediato possíveis conflitos, negociando a solução em tempo real, em geral com apoio de aplicativo específico de coordenação e colaboração.

A análise do modelo é feita com uso de ferramentas de verificação, que podem iden-tificar não só conflitos físicos, de dois elementos ocupando o mesmo espaço, mas tam-bém conflitos com espaços de manutenção e montagem, bem como, no caso de alguns aplicativos, verificar por meio de regras lógicas o atendimento a requisitos legais, norma-tivos (como acessibilidade) e outros definidos pelo cliente. Existem diversos aplicativos de verificação de modelos, desde alguns gratuitos até outros muito sofisticados. Podemos listar na primeira categoria o TEKLA BIMSIGHT®, mas também o mais comum deles, o NAVISWORKS®, e o que talvez seja o com mais recursos, o Solibri Office®. Ainda exis-tem outros que operam de modo conjugado com sistemas de coordenação de projetos, que serão abordados no Capítulo 5.

Uma vez que todos os participantes aceitem o modelo, inclusive pela coordenação central do projeto, considera-se que ele está validado para o nível de desenvolvimento alcançado. E, se for necessário, será desenvolvida a documentação gráfica pertinente e extraídas as folhas de desenhos, como ilustra a **Figura 3.4**. É importante destacar que a documentação deve ser extraída do modelo, de modo a garantir a perfeita coerência entre modelo e folhas gráficas.

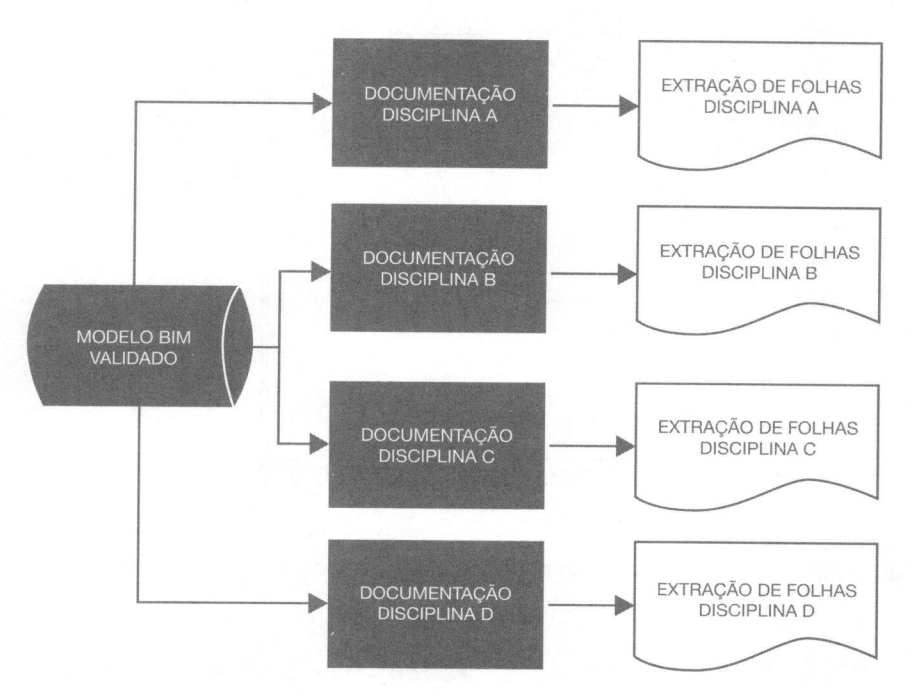

Figura 3.4   Documentação a partir do modelo BIM.

Além disso, essa prática permite enriquecer a informação inserida nas folhas; por exemplo, o projeto de arquitetura pode incluir a representação da tubulação dentro de um *shaft* ou em um espaço de forro, como ilustra a **Figura 3.5**, bem como incluir vistas 3D de detalhes, facilitando a leitura e a compreensão do projeto pelos usuários.

Por ser um banco de dados o BIM também garante a uniformização da informação em toda a documentação, pois a fonte de dados é única. Por exemplo, a largura da folha de uma porta aparece em diversos documentos, tanto nas folhas gráficas, como em planilhas de quantitativos e especificações. Ela pode ser alterada em qualquer um desses pontos, sendo imediatamente atualizada nos demais. Desse modo, não há incongruências de dados na documentação, comuns nos processos CAD e desenhos manuais.

Além disso, no BIM produtos que anteriormente eram muito trabalhosos para desenvolver, podem, atualmente, tanto por facilidade, como pelo proveito que trazem à compreensão do projeto, ser incluídos no escopo do projetista. É o caso de animações e modelos 3D de trechos mais complexos, entregues em formatos de manuseio fácil, inclusive em *tablets*, seja em DWF, IFC ou PDF 3D, como mostra a **Figura 3.6**, e que podem ser acessados também por meio de navegadores *web*.

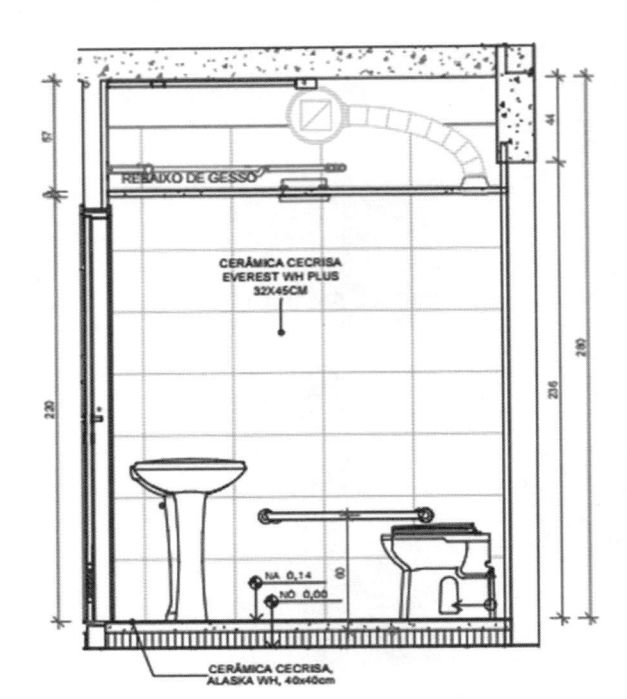

Figura 3.5 Exemplo de detalhe de arquitetura com instalação incluída. Fonte: GDP.

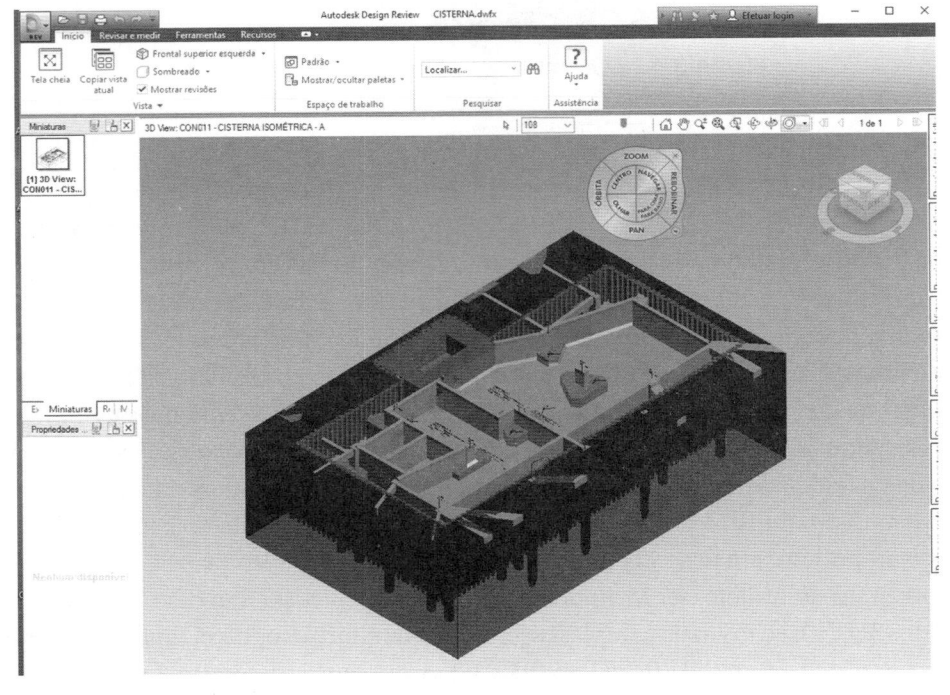

Figura 3.6 Modelo 3D de cisterna em arquivo DWF. Fonte: GDP.

No processo BIM, entretanto, a documentação gráfica tradicional, de plantas, cortes e fachadas, a rigor não necessita ser desenvolvida nas etapas de projeto intermediárias usuais, como o Estudo Preliminar ou Anteprojeto. Uma vez que a aprovação do modelo seja feita, é possível evoluir no trabalho de concepção sem o recurso de desenhos impressos, pois eles podem ser substituídos por imagens dos mais diversos tipos e pelo próprio modelo federado, o que reduz os custos e os prazos do projeto. Tivemos um caso interessante em uma incorporadora, na qual ao término do projeto executivo, para a licitação da obra, verificamos que as folhas gráficas de anteprojeto nunca tinham sido impressas, à exceção do projeto legal e das solicitações para as concessionárias.

Como em qualquer desenvolvimento de projeto, também no BIM o avanço é incremental, sendo comum representar esse crescimento do volume de informações agregada ao projeto por meio de uma espiral em que a cada volta são incorporados mais dados de cada aspecto do projeto, num progresso incremental (**Figura 3.7**). Porém, na abordagem tradicional não há comunicação direta entre as diferentes disciplinas, pois, como mostrado anteriormente, ela depende fundamentalmente de documentos gráficos.

No processo BIM a troca de informações ocorre por meio do modelo BIM central e, à medida que o projeto evolui, o volume de dados cresce, como ilustrado na **Figura 3.7**. Ou seja, o volume de dados ou informação inserido na base de dados central, ou modelo BIM, é diretamente proporcional à evolução no desenvolvimento do projeto.

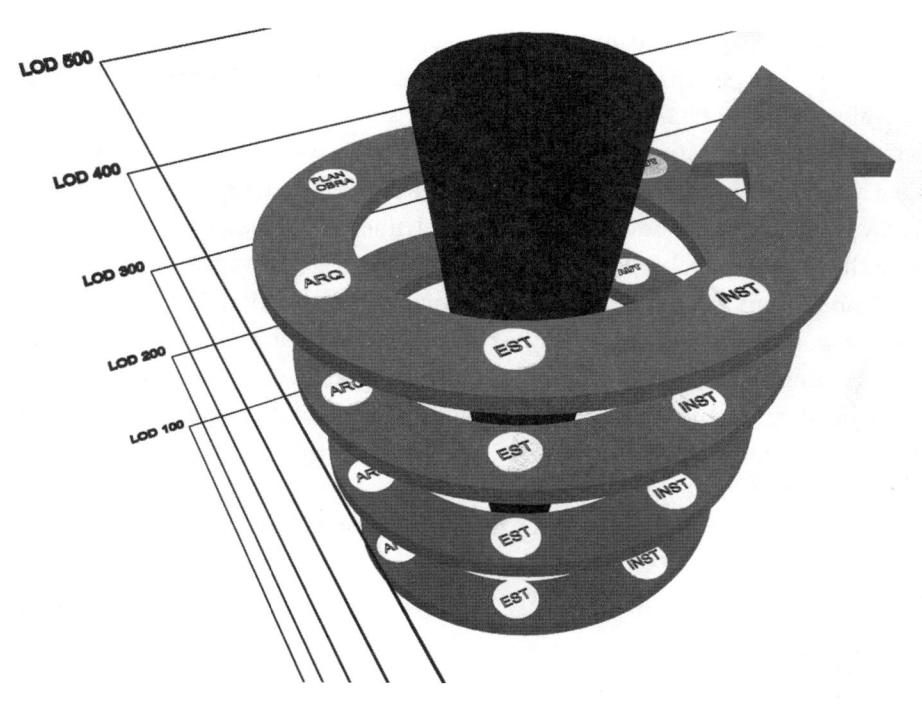

Figura 3.7   Evolução dos dados no processo de projeto BIM.

Todas as informações estão associadas aos elementos que compõem o modelo que representa a obra, enquanto no processo de projeto tradicional muitas dessas informações estão desvinculadas desses elementos, pois fazem parte de documentos em separado da sua representação gráfica, como um caderno de encargos. No processo BIM, cada componente traz em si os dados relativos a ele. Por exemplo, os componentes de uma parede podem trazer o índice de transmitância térmica, de absorção acústica, as instruções para segurança na execução, os espaços necessários para montagem, as instruções de uso e manutenção etc.

No início do projeto as informações são bastante genéricas, até chegarem ao momento da entrega e comissionamento da obra, quando devem incorporar instruções de operação e garantia, entre outros dados.

A evolução do projeto ocorre pela progressiva incorporação dessas informações aos componentes do modelo BIM. Sejam espaços ou elementos físicos, esses componentes têm definições de geometria e de especificações que, à medida que o projeto evolui, são cada vez mais precisas ou extensas, representando diretamente níveis de evolução do projeto.

A ISO/DIS 7817[3] define o conceito de NÍVEL DE INFORMAÇÃO NECESSÁRIA (*level of information need*), uma estrutura lógica que define o volume e a granularidade da informação necessária para o atendimento aos usos pretendidos para o projeto.

Segundo essa minuta de norma, o nível de informação necessária deve ser definido para cada marco do projeto, considerando os usos pretendidos até então, as condições dos participantes que requisitam e daqueles que produzem a informação e, também, como os objetos são organizados em uma estrutura hierárquica, ou seja, qual a relação dos objetos BIM com, por exemplo, um sistema de classificação ou a EAP (Estrutura Analítica do Projeto).

Esse conceito é, de certa forma, complementar ao NÍVEL DE DESENVOLVIMENTO DO COMPONENTE (*Level of Development* – LOD)[4] especificado pelo BIMFORUM, que reflete a conjugação entre geometria e informação em um determinado objeto BIM.

É relativamente comum que o Nível de Desenvolvimento do Componente (ND ou LOD) seja confundido com o Nível de Evolução do Projeto e encontrarmos em um texto uma referência a "modelo em LOD xxx", o que é um equívoco, pois os modelos BIM de qualquer etapa são compostos por elementos de diversos níveis de detalhe, podendo abrigar desde componentes definidos apenas por símbolos ou texto, que são ND 100, com componentes mais desenvolvidos. Mesmo em um estudo preliminar haverá componentes em ND 100 ao lado de outros ND 200 ou 300 e, até mesmo, ND 400. Do mesmo modo, em um estudo de viabilidade, em que apenas existem volumes e dados associados, a maior parte dos elementos será em ND 100 ou ND 200, sendo errôneo dizer que "o estudo de massa está em LOD 100".

---

[3] DIS significa *Draft International Standard*, é uma norma internacional ainda em desenvolvimento, no último estágio preparatório para publicação de uma norma ISO.

[4] A especificação completa e atualizada para o conceito de LOD, com descrições das exigências conforme a classe dos elementos, pode ser obtida em http://bimforum.org/lod/. Acesso em: 10 set. 2021. No Brasil, tem sido traduzido como ND-Nível de Desenvolvimento.

A única exceção a essa regra é o Modelo *"As Built"*, que, por definição, deve ter todos seus componentes em ND 500. Isso porque o ND 500 se caracteriza por ter todos os seus componentes verificados na obra, ou seja, eles devem corresponder exatamente ao que foi efetivamente executado, tanto quanto ao posicionamento e suas especificações.

É claro que se o projeto está em uma fase mais avançada de definição de seus componentes, a maior parte dos elementos, mas não todos, também estará em ND 300 ou maior. Mesmo em um projeto para produção, sempre haverá elementos definidos apenas por símbolos ou texto, ou seja, em ND100.

Já o Nível de Informação Necessária vai evoluir ao longo do projeto de modo diferenciado para cada tipo de objeto, de modo a atender aos usos pretendidos para aquele tipo na etapa em questão. Ele se compõe:

- Por informações geométricas: detalhe, dimensionalidade (quais as dimensões necessárias para caracterizar o objeto), locação, aparência e comportamento paramétrico.
- Por informações alfanuméricas, que identificam o objeto em face de uma estrutura hierárquica e listam as propriedades requeridas na fase do projeto em questão.
- Pela documentação requerida, seja para obter a aprovação de propostas de projeto, ou para complementar a modelagem de um objeto. Por exemplo, fechaduras de uma porta não serão modeladas, mas o objeto que a representa deve conter a sua especificação.

Para estabelecer o nível de informação é preciso considerar os pré-requisitos do projeto, como ilustra a **Figura 3.8**.

O Nível de Informação Necessária pode ser relacionado com as fases ou etapas de projeto "tradicionais", mas o que o representa efetivamente é o volume e a qualidade de dados em questão, as especificações, a geometria e o detalhamento dos componentes e outras

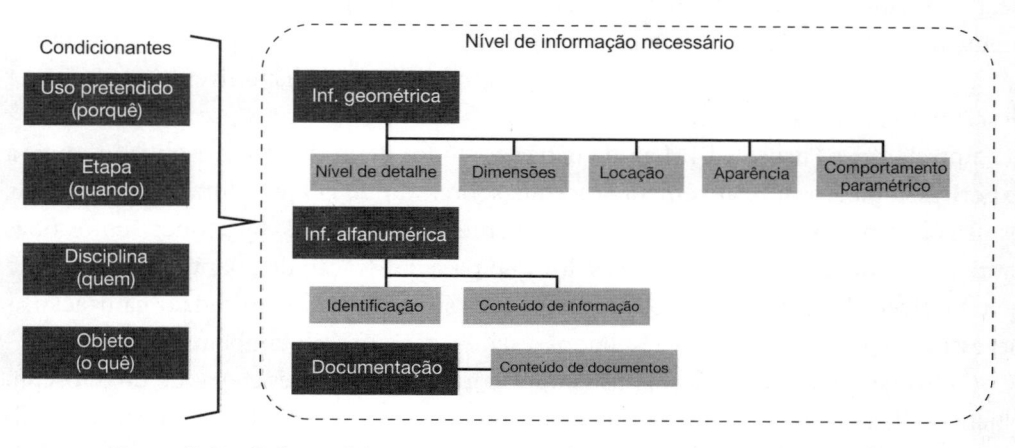

Figura 3.8 Pré-requisitos de projeto e nível de informação necessária.
Adaptada de: ISO/DIS 7817.

informações que tenham sido definidas como necessárias para atingir objetivos do empre-endimento. No processo BIM, isso pode ser feito pela caraterização dos requisitos e proprie-dades de cada classe de componente na forma de meta associada a um marco do projeto.

Isto é definido no **Plano de Execução BIM**, documento detalhado no Capítulo 5, que estipula as metas de informação para os entregáveis de cada etapa ou marco de projeto e os responsáveis pelo seu fornecimento.

USOS PRETENDIDOS

Neste plano também serão definidos os usos pretendidos para o modelo BIM, pois para cada um deles serão necessários diferentes tipos de dados, inseridos de determinada ma-neira em cada um de seus componentes. Por exemplo, para simular o desempenho ener-gético ou lumínico, determinados componentes deverão apresentar os campos relativos às características necessárias para esta análise, como o índice de transmitância térmica ou curva lumínica ou curva de distribuição luminosa, entre outros. Mesmo para usos mais comuns, como extração de quantitativos, é preciso que os componentes tenham sido desenvolvidos contemplando a função para que serão usados os quantitativos. Nem sem-pre todos os componentes da construção estarão representados geometricamente no modelo. Itens mais simples, como um rodapé, ou complementares de outros, como uma fechadura, podem ser definidos apenas por meio de parâmetros de texto, ou uma massa volumétrica em determinado nível da evolução do projeto e, quando este progredir no processo decisório, caso necessário serão virtualmente representados.

Ou seja, os produtos de cada marco na evolução do projeto no processo BIM podem variar muito, assim como os usos pretendidos e os próprios "marcos" ou etapas. E para não direcionarmos recursos para algo desnecessário, ou pior, não sermos surpreendidos pela necessidade de rever a estrutura de dados do modelo para atender a um uso inicial-mente não previsto, é preciso estabelecer claramente os objetivos do projeto, respeitando as capacidades e a qualificação da equipe e da infraestrutura disponível, o que deve ser descrito no Plano de Execução BIM.

Entretanto, os usos de BIM ainda não estão todos definidos ou consolidados, pois a experiência na área é relativamente recente, sobretudo no contexto brasileiro. Por isso, os usos potenciais ainda não estão completamente explorados, tampouco temos boas práticas reconhecidas para todos eles. Mesmo para a extração de quantitativos, um uso quase universal, existem diversos processos para sua obtenção e em cada organização as necessidades de vincular esses resultados a seus sistemas serão também diferenciadas.

Outro aspecto, é que o mesmo uso pode ocorrer em diferentes etapas do projeto, com objetivos diferentes que se refletem em diversos níveis de acurácia e de precisão na especifi-cação. Por exemplo, quantitativos e verificação de conflitos ocorrem tanto nos estudos ini-ciais como em fases mais avançadas.Nos estudos iniciais os primeiros podem ser limitados a áreas de pisos e fachadas, que, vinculados a bases de custos, podem levar a estimativas de custos com razoável nível de precisão. Já nas etapas de projetos de produção, os objetos BIM podem ter que incluir detalhes e componentes como peças de suspensões ou outros elementos complementares. As verificações de conflitos nos estudos iniciais podem analisar apenas a compatibilidade entre arquitetura e estrutura, e no projeto de produção podem considerar os espaços de montagem, além da coordenação das diferentes disciplinas.

Embora os dados sejam de pesquisa de 2010, os usos mais comuns então indicados, apresentados na **Tabela 3.1**, permanecem bastante atuais. Desde 2010 surgiram alguns novos aplicativos, principalmente na área de acompanhamento de obras por imagens e escaneamento, que se articulam com os temas de planejamento e controle 3D, programação de serviços e planejamento 4D, que hoje devem ter uma participação mais intensa que a indicada na época.

O detalhamento de cada um dos usos mais frequentes é apresentado no Apêndice D do *New Zeland BIM Handbook*.[5] Por sua vez, Succar, pesquisador da *University of Newcastle*, indicou 125 possíveis usos de BIM, agrupados em oito categorias diferentes.[6]

Quanto aos usos potenciais, ou ainda pouco explorados, é possível indicar o desenvolvimento de animações 3D para apoio a vendas, inclusive com recursos de realidade virtual; a conferência e a medição de serviços com uso de equipamentos móveis autônomos e, também, com apoio de realidade virtual; a análise de desempenho acústico; a gestão de materiais e recursos humanos no canteiro e no almoxarifado e muitos outros. A BuildingSMART propôs um quadro inter-relacional[7] para avaliação dos usos atuais e potenciais do BIM em que cruza as grandes fases do ciclo de vida da edificação com funções, resultando numa matriz ainda a ser preenchida completamente, tantas são as variáveis possíveis.

Como vemos, a definição de usos não é tão simples quanto parece, pois as possibilidades são muito amplas, mas no âmbito de um projeto específico não se torna tão complexa, uma vez que eles devem estar alinhados com os objetivos do empreendimento em questão e dos recursos disponíveis, inclusive quanto à capacitação da equipe. Esses aspectos devem ser cuidadosamente equilibrados e claramente definidos no Plano de Execução BIM (BEP), que será detalhado mais adiante.

ESTÁGIOS DE MATURIDADE BIM

Usos também dependem do grau de maturidade BIM da organização que lidera o empreendimento, pois ela deve estar capacitada para processar as informações decorrentes e avaliar os produtos entregues.

---

[5] Disponível em: https://www.biminnz.co.nz. Acesso em: 10 out. 2017.
[6] Ver http://bimexcellence.com/model-uses. Acesso em: 10 out. 2017.
[7] Ver https://www.nationalbimstandard.org/tetralogyofbim. Acesso em: 18 abr. 2022.

Tabela 3.1 Frequência de usos BIM

Uso do BIM	Frequência
Coordenação 3D	60%
Revisão de projeto	54%
Desenvolvimento do projeto	42%
Projeto da solução construtiva	37%
Modelagem de condições existentes	35%
Planejamento e controle 3D	34%
Programação de serviços	31%
Planejamento 4D (custos e prazos)	30%
Registros de modelagem	28%
Utilização do canteiro	28%
Análise do canteiro/implantação	28%
Análise estrutural	27%
Análise energética	25%
Orçamentação	25%
Avaliação de sustentabilidade LEED	23%
Análise de sistemas construtivos	22%
Gestão de espaços/monitoramento	21%
Análise mecânica	21%
Validação de regulamentos e legislação	19%
Análise lumínica	17%
Outras análises de engenharia	15%
Fabricação digital	14%
Gestão de ativos	10%
Programação de manutenção	5%
Planejamento de atendimento a desastres	4%

Adaptada de Kreider, R.; Messner, J.; Dubler, C. Determining the frequency and impact of applying BIM for different purposes on building projects. In: Proceedings of the 6th International Conference on Innovation in Architecture, Engineering and Construction (AEC) (Penn State University, University Park, PA, USA, 2010). Disponível em: http://www.engr.psu.edu/ae/AEC2010/.

O conceito de maturidade BIM é relativo ao nível de evolução no tratamento da informação ao longo do processo de projeto. A norma ISO 19650-1, *Organization of information about constructions Works – Information management using building information modelling* define os seguintes estágios, como mostra a **Figura 3.9**.

- No Estágio 0 (zero), a informação não está estruturada e o processo é imprevisível, pouco controlado e a organização é reativa.
- No Estágio 1, o processo está caracterizado, mas a organização ainda é reativa.

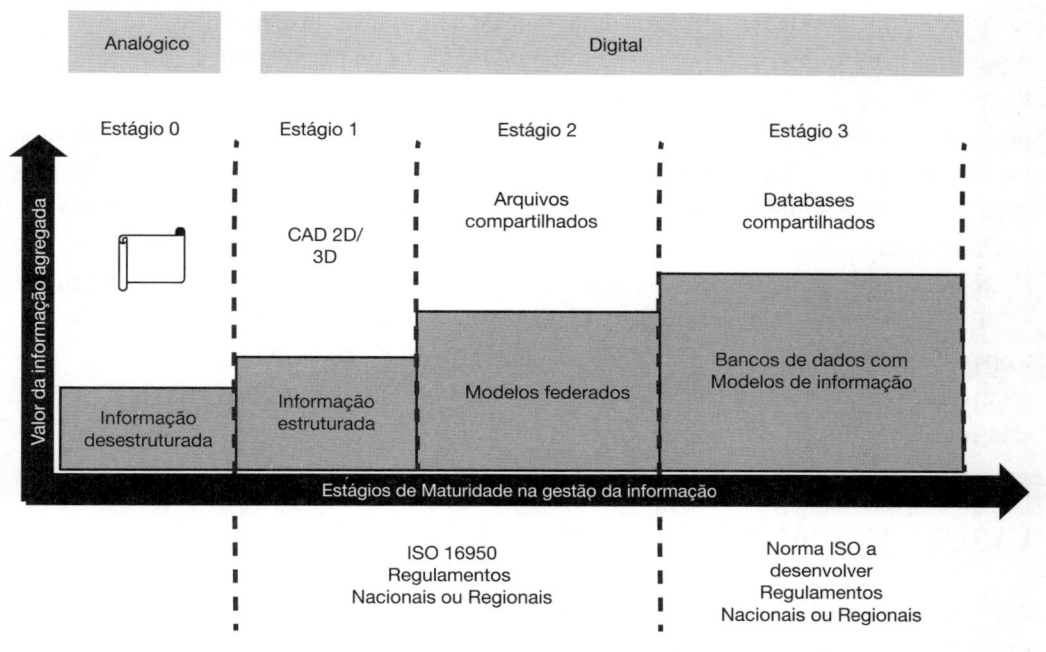

Figura 3.9 Estágios de maturidade BIM.
Adaptada de: ISO 16950.

- No Estágio 2, o processo está caracterizado e a organização é proativa.
- Finalmente, no Estágio 3, o foco é a melhoria dos processos, que estão monitorados e controlados.

Apesar de a avaliação de maturidade ter foco no tratamento da informação, ela não deve ser restrita aos aspectos tecnológicos, pois os processos BIM também envolvem pessoas e políticas da organização. Basicamente, o nível de maturidade deve avaliar se o desenvolvimento dos aspectos de tecnologias, pessoal e políticas, aqui incluídos elaboração de procedimentos e normas, está ocorrendo de modo harmônico, evitando-se avançar mais rápido em uma vertente enquanto outra tem dificuldades.

Um roteiro detalhado para avaliação da maturidade BIM foi desenvolvido por Succar inclusive com uma versão em português.[8] O método talvez seja um tanto complexo para ser aplicado em pequenas organizações, mas suas diretrizes gerais podem ser consideradas.

Um ponto importante é que parte dos requisitos de maturidade depende de infraestrutura tecnológica e capacitação de pessoal que extrapolam os limites da organização. Por exemplo, o uso de bases de dados compartilhadas exige uma rede externa compatível com o volume de tráfego de dados e, no Brasil, isso só está disponível em algumas áreas

---

[8] Disponível em: http://www.bimframework.info/bim-maturity-matrix.html. Acesso em: 20 abr. 2022.

restritas a poucas cidades. Diversas tentativas de desenvolver projetos de porte por meio de sistemas síncronos, com acesso simultâneo de todos os participantes, resultaram em tempos muito longos para sincronismo em virtude da lentidão no tráfego na rede, em que pese a qualidade dos servidores. Isso foi particularmente crítico no caso da equipe de uma mesma disciplina, em que os colaboradores dependem de sincronizações frequentes, mas cada uma delas exigiu vários minutos, uma parada desnecessária se o servidor estiver conectado diretamente, em rede de alta velocidade. Já o sincronismo entre disciplinas, que não é necessariamente simultâneo nem tão frequente, ocorreu sem maiores problemas.

Em decorrência desse motivo, as indicações deste texto são voltadas prioritariamente à operação no Estágio 2, com o uso dos modelos federados. Na verdade, os procedimentos relativos ao Estágio 3 ainda não foram consolidados nem no exterior, e na ISO 19650-1 está explícito que eles devem ser objetos de outra norma, ainda a ser desenvolvida.

FASES E ETAPAS NO PROCESSO DE PROJETO BIM

O processo de projeto com uso de CAD possui etapas bem demarcadas, que cumprem várias funções. Definem metas de avanço de projeto e se refletem em "produtos", um conjunto de entregáveis a serem remunerados.

No Brasil, coexistem diversas normas, regulamentos e legislação que definem essas etapas, nem sempre de modo coerente entre si.[9] A mais recente, a revisão da norma NBR 16636-2:2017 *Elaboração e desenvolvimento de serviços técnicos especializados de projetos arquitetônicos e urbanísticos, Projeto Arquitetônico*, subdivide o projeto em duas fases, a primeira voltada às atividades preparatórias e a segunda ao desenvolvimento da concepção e sua documentação, aproxima-se de outras abordagens utilizadas em projetos BIM no exterior, em que se caracteriza uma fase pré-contrato e outra pós-contrato, como na norma ISO 19650, já traduzida como ABNT NBR ISO 19650 *Organização e digitalização de informações de ambientes construídos e obras de engenharia civil, incluindo modelagem da informação da construção (BIM)* que será abordada adiante.

Segundo essa norma de arquitetura, a fase preparatória é destinada "a reunir as informações necessárias para definição do empreendimento a ser construído", enquanto conforme a ISO 19650, na fase pré-contrato devem ser definidos os requisitos de informação do contratante.[10]

A fase de desenvolvimento abrange todo o restante, subdividida em diversas etapas, desde o levantamento de dados até a documentação "como construído" ou *as built*.

---

[9] A nova lei de Licitações e Contratos Administrativos, n. 14.133, de 1º de abril de 2021, trouxe diversas inovações para a contratação de obras e serviços de engenharia. Entre elas a modalidade de contratação por diálogo competitivo, mas não tratou da questão do conteúdo das etapas de projeto. Já o CONFEA editou a Resolução n. 361, de 10 dezembro de 1991, regulando o projeto básico.

[10] Tradução livre de *employer's information requirements* (EIR).

Porém, a norma exemplifica um fluxograma linear, em que cada etapa precede a outra e contém poucas definições sobre o conteúdo de cada uma delas. Já no processo de projeto BIM temos um menor número de etapas, cada uma com maior volume de informações, pois o que as diferencia é o Nível de Evolução do Projeto. Não existe uma padronização desses níveis; e na verdade ela não faz muito sentido, pois como os usos BIM previstos podem variar de um modo muito amplo, tanto na finalidade quanto em que momentos esses usos serão demandados ao longo do projeto, gerando uma infinita multiplicidade de possíveis conjuntos.

Por isso, a maneira de definir os marcos do projeto é o Plano de Execução BIM, no qual estarão caracterizados os níveis de informação e de detalhe para cada componente, ou para classes de componentes, ao longo das etapas, bem como os responsáveis por essas informações.

Mas, no processo de projeto BIM, existe uma clara tendência a reduzir o número de etapas e condensar as informações. Como um dos pilares do BIM é a antecipação dos problemas e, em decorrência, a entrada dos diversos especialistas mais cedo, as etapas, seja qual for a denominação que tenham, recebem mais conteúdo. Por exemplo, em um projeto básico já estarão lançadas as redes de serviços prediais, o que permite coordenar as diferentes disciplinas.

Além disso, o processo BIM incorpora mais cedo e reforça a participação de fornecedores de componentes e materiais de construção, bem como de subempreiteiros, que muitas vezes serão responsáveis pelo detalhamento de projetos para produção, de modo integrado com a base de dados central. A etapa de suprimentos (*procurement*), além de ocorrer mais cedo, passa a ter proeminência, pois vai gerar dados que serão utilizados não só na construção, como na operação. Manter e organizar esses dados é uma tarefa relevante e que pode absorver recursos consideráveis. Daí a importância de definir os procedimentos para a gestão da informação no projeto. Este ponto será retomado na discussão do cronograma em projetos BIM.

Capítulo 4

Gestão da Informação no Projeto: Integração e Coordenação dos "Modelos BIM"

Integração e colaboração através de um Ambiente Comum de Dados. Os diferentes tipos de modelos BIM. Configuração de ambiente de trabalho.

AMBIENTE COMUM DE DADOS (ACD)

Um ponto-chave do processo BIM é a integração dos dados, a possibilidade de acesso simultâneo, mas controlado, a uma base de dados com todas as informações das diversas disciplinas envolvidas, o *Common Data Environment* (CDE), ou Ambiente Comum de Dados (ACD) na tradução ABNT da norma ISO 19650, que tanto pode estar instalado em um servidor local como em rede externa ou, preferencialmente, em servidor "na nuvem".

O objetivo central dessa prática é que a informação seja gerada uma única vez e reutilizada tanto quanto necessário por todos os participantes da cadeia de produção, bem como garantir sua confiabilidade e integridade até a entrega da edificação ao responsável pela sua operação.

Para isso devem ser definidas regras e procedimentos específicos, referenciados no Plano de Execução BIM, o qual fará parte como anexo dos contratos com os participantes do projeto.

Embora o "modelo federado" seja uma parte fundamental desses dados, a base de dados não se resume a ele, pois outros tipos de documentos devem estar disponíveis, como especificações, ordens de compra, garantias e dados para operação e manutenção da edificação etc. Eles podem ser armazenados de diversas formas, até por meio de *links* inseridos no modelo BIM, mas são preferíveis os sistemas centralizados de gestão eletrônica de documentos (GED), alguns capazes de ler diretamente dados no modelo BIM, além de coordenar e vincular dados externos aos elementos desse modelo.

Existem vários sistemas, com diferentes abordagens de integração de dados, que são alternativa à ideia básica de inserir todo o tipo de informação diretamente no modelo BIM.[1] Ainda que isso seja possível, na maioria dos casos é pouco prático, pois o acesso deve se dar por aplicativos caros, e os arquivos de projeto se tornam excessivamente grandes, o que dificulta seu manuseio. Conectar o modelo BIM a bases de dados externas que sejam permanentemente vinculadas aos elementos do modelo se revelou uma estratégia mais eficaz. Ela permite interfaces simples e acessos por meio de navegadores *web* e, mesmo que dependam de sistemas de alta capacidade de processamento em nuvem, apresentam menores custos totais.

DIFERENTES "MODELOS BIM"

Embora seja corrente a menção ao "modelo BIM", como vemos antes, não existe um único arquivo, mas sim um conjunto que pode ser acessado de modo simultâneo, composto pela sobreposição dos diferentes arquivos de cada disciplina. Porém, existem diversos "modelos BIM", cada um apropriado a uma determinada finalidade, mas que devem ser sempre sincronizados e compatíveis entre si.

A primeira diferenciação é entre o **Modelo de Autoria**, sobre o qual cada disciplina vai desenvolver seus trabalhos, e os **Modelos para Coordenação**, que compõem o **Modelo Federado**.

O **Modelo de Autoria** contém uma série de informações e facilidades para utilização. Deve ser elaborado a partir de um gabarito (*template*) de projeto no qual já estejam inseridos os diversos tipos de folhas gráficas, planilhas de quantitativos e especificações e outros modelos de documentos usuais para o tipo de projeto e a boa prática da organização que o desenvolve. Nesse modelo também já constam os principais objetos BIM a serem utilizados e, eventualmente, suas "famílias" e codificação específica. O uso de gabaritos reduz consideravelmente o volume de horas de desenvolvimento de projetos,

---

[1] Embora esta seja uma área em ebulição podemos citar: Fux.io, Zutec, dRofus, CodeBook, Assembles e LOD Planner, cada um com seu enfoque diferenciado.

segundo estudo da Shoegnome Architects, a redução atinge aproximadamente 30%.[2] O modelo de autoria é de uso exclusivo do projetista e normalmente não deve ser entregue ao cliente, salvo expressa definição contratual. Ele não é um "produto" ou "entregável", mas sim uma ferramenta para a produção dos diferentes produtos do projeto, sejam documentos gráficos, planilhas, documentos de texto ou arquivos de vídeo. Ele pode conter gabaritos e modelos de organização, famílias de produtos e outros componentes de conhecimento exclusivo do autor/projetista, os quais provavelmente não devem ser objeto de cessão contratual, exceto se existir uma cláusula específica.

Do mesmo modo, para as operações de coordenação, essas informações de teor gráfico e numérico não interessam, mas, ao contrário, prejudicam o desempenho dos sistemas. Assim é necessário criar um arquivo de cópia, passível de ser sincronizado com o arquivo de autoria, de modo a facilitar o trabalho de análise do conjunto e a verificação de conflitos.

Este é o **Modelo para Coordenação**, que deve conter basicamente as informações de geometria, classificação do elemento, sua especificação básica e os dados relevantes para a análise, como peso da peça, tipo de equipamento etc. Ele é obtido pela exportação do aplicativo do projeto, por meio de um padrão que funciona como um filtro, selecionando as informações que devem seguir anexadas. Esse padrão de exportação pode estar contido no gabarito de projeto, se o aplicativo em uso oferecer essa facilidade. Haverá um modelo de coordenação por cada disciplina envolvida no projeto.

Quanto ao **Modelo Federado**, ele é obtido pela agregação de modo coordenado, em aplicativo apropriado, de todos os "modelos de coordenação", de modo a se obter a visão completa do empreendimento. O formato de arquivo para o modelo federado pode variar, mas é preciso que todos os participantes, das diferentes disciplinas, sigam um protocolo previamente determinado no BEP. Caso seja um formato proprietário, todos deverão ter a possibilidade de gerar no mesmo formato e, se for o caso, na mesma versão. Dada a diversidade de formatos e aplicativos, recomenda-se utilizar o formato .ifc para essa função, pois esse formato permite livre escolha do aplicativo de projeto por cada projetista. Porém, são comuns equipes que usam todos os aplicativos do mesmo fornecedor, com possibilidade de compartilhar os arquivos no seu formato. Mas, mesmo nesses casos, o arquivo de coordenação será uma versão mais "enxuta" do arquivo de autoria.

A **Figura 4.1** ilustra esse fluxo e a diferenciação entre os Modelos de Autoria, para Coordenação e Federado. O sincronismo entre os diversos arquivos depende dos aplicativos envolvidos, pois ele pode ser uma ferramenta já disponível e também fazer parte dos recursos do sistema de compartilhamento. Em todos os casos deve ser estabelecido um procedimento que garanta a perfeita compatibilidade entre esses modelos, que devem ser permanentemente atualizados. No caso do uso de arquivos no formato IFC para a coordenação, deve ser definido o procedimento de atualização do arquivo do aplicativo

---

[2] Ver http://www.shoegnome.com/2015/12/09/bim-still-bankrupting-firm/. Acesso em: 18 abr. 2022.

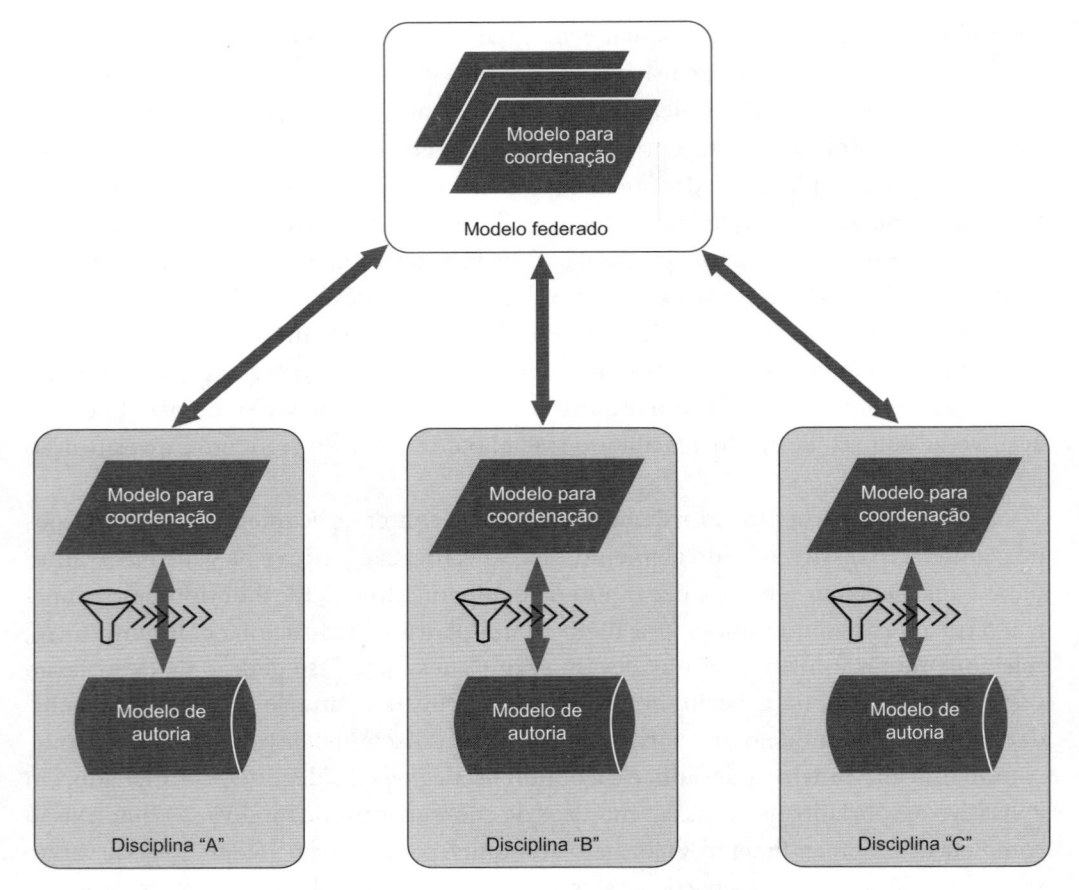

Figura 4.1 Fluxo dos modelos BIM.

de projeto. Normalmente, será preciso utilizar um recurso de verificação de similaridade entre os arquivos que destaque as diferenças, o que facilita o controle.

É importante destacar que para esse processo colaborativo ter início é preciso ter um "modelo Base", que é a primeira versão de um modelo de coordenação, gerado pelo arquiteto. A partir dele os projetistas das disciplinas complementares desenvolverão suas propostas, sempre em contínua colaboração e sob a direção da coordenação geral, num processo simultâneo e assíncrono cujas regras devem ser estabelecidas.

Além dos modelos de coordenação, de autoria e federado existem outros modelos no processo de projeto BIM, para atender às necessidades específicas. Estão descritos a seguir.

O **Modelo da Construção** representa os elementos e equipamentos complementares, mas necessários, para a realização da obra, como andaimes, gruas, formas etc. que serão associados a atividades específicas. Ele será desenvolvido sobre o **Modelo para Coordenação** e utilizado em conjunto para a elaboração do planejamento 4D (andamento e prazos) ou 5D (andamento, prazos e custos), bem como para análise de construtibilidade. Ele permite avaliar o plano de ataque da obra, a viabilidade do uso de determinados equipamentos e outros recursos de otimização do processo construtivo, como análise de fluxos no canteiro, redução de trajetos de insumos e de pessoal etc. Pode ainda servir de base para sistemas de controle de equipamentos e pessoal na obra baseados em geoposicionamento.

Normalmente, esse modelo prescinde de recursos gráficos detalhados e é comum que diversos elementos da obra sejam representados de modo simplificado ou mesmo apenas pela troca de cor de determinado elemento. Por exemplo, o serviço de alvenaria pode ser representado por cores, sendo a marcação/primeira fiada em amarelo, a elevação em azul e o encunhamento/amarração em verde, sendo cinza a cor final da alvenaria acabada. As formas também podem seguir padrões de cores similares para representar oposicionamento, escoramento, reescoramento e reposicionamento.

Cabe ao responsável pelo planejamento da execução decidir qual grau de detalhe será necessário para cada desses elementos provisórios, ainda que sejam possíveis representações detalhadas, pois existem disponíveis famílias de diversos tipos de formas, andaimes, gruas e outros equipamentos. De modo geral, equipamentos serão razoavelmente detalhados, sendo provável o uso de ND300, de modo que seja possível avaliar funcionalidade, alcance etc. Com relação aos elementos mais simples, é comum serem limitados a ND200 ou mesmo apenas por simbologias ou representação por aplicação de cores simbólicas sobre os elementos.

Na **Figura 4.2** temos um exemplo de partição de um elemento de estrutura para efeito de análise da montagem em vídeo. Cada elemento ou sua parte contém seus dados, sendo possível avaliar, no vídeo, se o sequenciamento está correto, como ilustra a **Figura 4.3** e, por meio de planilhas, se o peso de cada parte está dentro dos limites do guindaste a ser utilizado na montagem.

Ainda na etapa de execução podem existir o **Modelo para Fabricação** ou **Modelo para Produção**, no caso, respectivamente, de fornecedores ou subempreiteiros especializados.

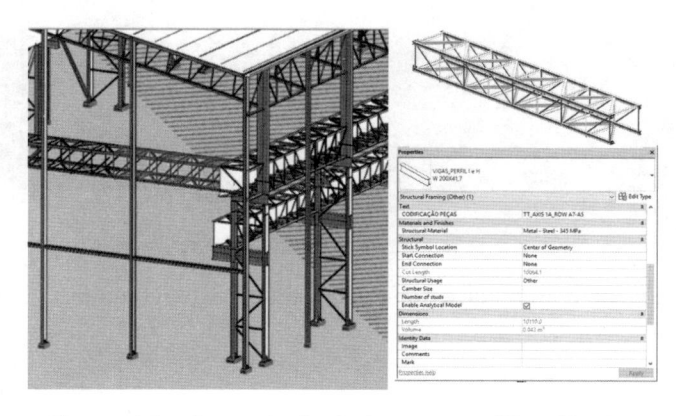

Figura 4.2 Exemplo de dados para análise 4D. Fonte: GDP.

Figura 4.3 Uso de vídeo para análise do sequenciamento de montagem. Fonte: GDP.

Por exemplo, fabricantes ou montadores de esquadrias, fornecedores de componentes pré-fabricados, sejam de estruturas de concreto ou de elementos de fachada, ou mesmo subempreiteiros de alvenaria modular ou de *drywall*, podem detalhar em processos BIM seus componentes e elementos, visando à sua fabricação digital, ou detalhar e planejar com maior precisão a execução de sua subempreitada, no caso denominado "projeto de produção". Nessas situações é necessário um alto nível de detalhes, que permita, entre outros aspectos, obter um quantitativo extremamente preciso, chegando, por exemplo, aos parafusos. Entretanto, incorporar ao modelo esse volume de informação será contraproducente, ao menos nos *hardwares* comuns atualmente disponíveis. Desse modo, sincronizar um novo arquivo de autoria sobre o arquivo do(s) modelo(s) de coordenação é uma solução mais simples e eficaz. Além disso, esse arquivo certamente conterá informações específicas sobre o processo produtivo ou *know-how* de execução que são peculiares a seus autores e não devem ser compartilhados sem necessidade.

Finalmente, outro modelo essencial é o **Modelo *As Built***, que representa o "como construído". É o único modelo BIM no qual todos os elementos devem corresponder a algum ND, nesse caso ND 500. Isso porque a principal característica desse ND é que o elemento seja aferido na obra quanto ao posicionamento e às demais propriedades relativas. Atualmente, essa verificação pode ser muito facilitada com os recursos de realidade aumentada, que com uso de óculos especiais permite a superposição de imagens do modelo na visualização do espaço, ou com escaneamento fotográfico ou *laser* (uso de nuvens de pontos), sendo este especialmente útil em trabalhos de terraplanagem, estruturas e grandes tubulações, inclusive com uso de drones. Além disso, ferramentas baseadas em telefones e *tablets* também facilitam a verificação e o lançamento de eventuais divergências entre o projetado e realizado. Esse conjunto de técnicas permite obter um modelo que é representação virtual exata da obra concluída.

O Modelo *As Built* tem importância fundamental no ciclo de vida da edificação, pois ele serve de referência principal para os sistemas de gerenciamento da operação e manutenção, ou FM (*Facilities Management*). Os dados de instalação, garantias e especificações de operação de equipamentos, componentes e requisitos dos compartimentos (espaços) devem ser acessíveis por meio de *links* nos respectivos objetos virtuais ou vinculados a essas informações por meio de sistemas de bases de dados. Convém destacar que um "*As built BIM*" vai muito além do "*As Built CAD*", pois incorpora de modo organizado um grande volume de informações que nesse segundo caso estão dispersas em uma quantidade enorme de documentos.

É importante lembrar que parte dessas informações são vinculadas ao tipo de componente ou equipamento, caso das instruções de operação e manutenção, mas outras, como as garantias, números de série e dados da instalação, devem ser vinculadas a cada instância desses objetos. Além disso, as informações relativas aos compartimentos também podem ser vinculadas ao tipo de uso previsto ou a algum compartimento, em decorrência de seu posicionamento ou outro aspecto relevante.

Porém, transferir esses dados para os sistemas de operação e manutenção disponíveis não é uma tarefa tão fácil, pois eles ainda não têm um protocolo padronizado. Visando facilitar essa tarefa e evitar lacunas nos dados foi estabelecido o padrão COBie, *construction operations building information exchange*, hoje um padrão internacional, exigido nos EUA, Reino Unido e alguns países europeus e asiáticos. Embora seja usualmente associado a uma planilha, trata-se de uma especificação para a troca dos dados relativos aos equipamentos e espaços de uma edificação, necessários para sua operação e manutenção. O uso da planilha é uma facilidade, mas pode esbarrar em limitações desse tipo de arquivo em virtude do volume de informações no caso de grandes projetos ou muito complexos, como hospitais e assemelhados. Nesses casos, devem ser utilizados bancos de dados, como MySQL, Oracle e outros.

Para agilizar a troca de dados entre os diferentes formatos nos quais as informações desejadas podem estar arquivadas foi estabelecido a COBie *Model View Definition*,[3] parte da especificação do esquema IFC4. Desse modo, os aplicativos certificados permitem a exportação dos dados necessários sem maiores esforços. Existem também gabaritos de planilhas[4] para serem preenchidas, preferivelmente por meio de exportação direta do aplicativo de autoria em uso. A **Figura 4.4** traz um exemplo de trecho de planilha neste padrão, relativa a portas.

Entretanto, ainda não existem, até o momento, traduções dessas planilhas para o caso brasileiro e ainda não tivemos notícias sobre a exigência de aplicação por algum órgão oficial.

A **Figura 4.5** apresenta os diferentes tipos de modelos BIM e os fluxos de sincronismo que devem ser estabelecidos entre eles, considerando o uso de arquivo IFC. Mas esse fluxo também pode ocorrer exclusivamente com arquivos proprietários, exigindo apenas que todos concordem com o aplicativo e sua versão a ser utilizada.

Na medida em que ainda não é comum desenvolver projetos em Nível 3 de BIM, com integração e colaboração em tempo real, a frequência de sincronismo entre os diferentes arquivos das diversas equipes pode variar em função da complexidade do projeto e da exiguidade de prazo, mas deve ser definida previamente no BEP. Caso estejam disponíveis recursos de sincronismo automático, ele pode ser efetuado todas as noites sem maiores problemas, mas em geral é preferível que ocorra apenas uma vez por semana, ou mesmo a cada duas semanas, em horários programados.

Cada vez que um sincronismo for efetuado, devem ser feitas as verificações de qualidade do modelo e de eventuais conflitos, como veremos no Capítulo 6, ainda que teoricamente esses devam ser previamente identificados pelo autor do modelo, com o uso de aplicativos adequados e regras pré-definidas.

[3] Ver http://docs.buildingsmartalliance.org/MVD_COBIE/. Acesso em: 16 jan. 2018.
[4] Disponíveis em: http://www.nibs.org/?page=bsa_cobiemm#template, ou em: http://projects.buildingsmartalliance.org/files/?artifact_id=7413. Acessos em: 16 jan. 2018.

Door Name	Door Type	Room Number	Adjoining Room	Hardware Set	Width (mm)	Height (mm)	Thickness (mm)	DoorFrame	Weather Stripping (Y/N)	Sound Proof (STC)	Shielded (Y/N)	JambNumber	HeadNumber	Threshold	PaintColor	Tag Number	Notes
Door 101A	Door Type D1	101	117	SHW-25A	940	2135	52	F1	Y	N	Y	J-2	H-3	Steel Flat Ba	n/a	n/a	SS
Door 101B	Door Type D4	101	117	110	915	2135	45	F1	Y	N	N	J-1	H-1	Stone	Ivory	n/a	HM Wood Door
Door 102	Door Type D1	102	117	111	915	2135	45	F1	Y	N	N	J-1	H-1	n/a	Khaki	n/a	HM Wood Door
Door 103	Door Type D1	103	117	111	915	2135	45	F1	Y	N	N	J-1	H-1	n/a	Khaki	n/a	HM Wood Door
Door 104	Door Type D1	104	117	116	915	2135	45	F1	Y	N	N	J-1	H-1	n/a	Khaki	n/a	HM Wood Door
Door 105	Door Type D2	105	n/a	SHW-19A	PR 915	2135	52	F2	Y	N	Y	J-2	H-3	Steel Flat Ba	n/a	n/a	SS
Door 106	Door Type D1	106	108	111	762	2135	45	F1	Y	N	N	J-1	H-1	n/a	Khaki	n/a	HM Wood Door
Door 107	Door Type D1	107	108	110	762	2135	45	F1	Y	N	N	J-1	H-1	n/a	Khaki	n/a	HM Wood Door
Door 108	Door Type D1	108	112	110	915	2135	45	F1	Y	N	N	J-1	H-1	n/a	Khaki	n/a	HM Wood Door
Door 109	Door Type D1	109	117	116	915	2135	45	F1	Y	N	N	J-1	H-1	n/a	Khaki	n/a	HM Wood Door
Door 110	Door Type D1	110	117	110	915	2135	45	F1	Y	N	N	J-1	H-1	n/a	Khaki	n/a	HM Wood Door
Door 111	Door Type D1	111	117	116	915	2135	45	F1	Y	N	N	J-1	H-1	n/a	Khaki	n/a	HM Wood Door
Door 112	Door Type D1	112	117	110	915	2135	45	F1	Y	N	N	J-1	H-1	n/a	Khaki	n/a	HM Wood Door
Door 113	Door Type D1	113	114	116	915	2135	45	F1	Y	N	N	J-1	H-1	n/a	Khaki	n/a	HM Wood Door
Door 115	Door Type D2	115	n/a		PR 915	2135	52	F2	Y	N	Y	J-2	H-3	Steel Flat Ba	n/a	n/a	SS
Door 116A	Door Type D1	116	n/a	SHW-25A	940	2135	52	F1	Y	N	Y	J-2	H-3	Steel Flat Ba	n/a	n/a	SS
Door 116B	Door Type D1	116	117	106	915	2135	45	F1	Y	N	N	J-1	H-1	n/a	Khaki	n/a	HM Wood Door
Door 118A	Door Type D1	118	n/a	SHW-25A	940	2135	52	F1	Y	N	Y	J-2	H-3	Steel Flat Ba	n/a	n/a	SS

Figura 4.4   Exemplo de planilha COBie.
Fonte http://projects.buildingsmartalliance.org/files/?artifact_id=7413. Acesso em 16 de jan. de 2018.

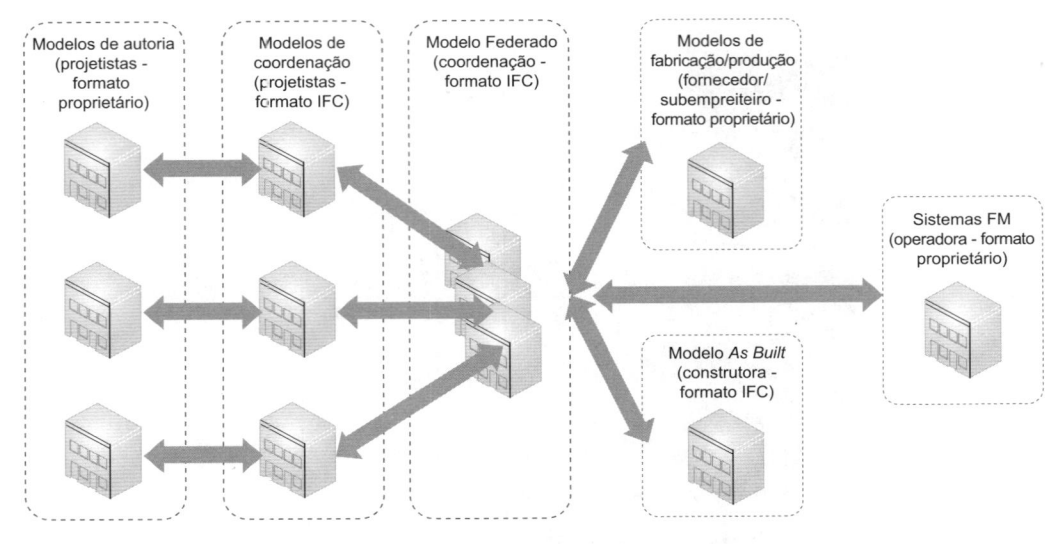

Figura 4.5 Fluxos e tipos de modelos BIM.

AMBIENTE DE TRABALHO BIM: FAVORITOS E GABARITOS

Como vimos no Capítulo 3, um dos fatores que contribuem para uma alta produtividade no processo de projeto BIM é a possibilidade de pré-configurar o ambiente de trabalho no aplicativo de autoria, a organização do gabarito de projeto (*template*) ou seleção de favoritos de modo a refletir os dados específicos do empreendimento ou da organização, seja no REVIT®, no Archicad®, no VectorWorks® ou em outros.

Essa configuração pode ser armazenada em um arquivo, no caso do REVIT denominado *template*, ou gabarito de projeto, que pode conter os objetos BIM a serem utilizados, classificados conforme o sistema de classificação de elementos ou serviços a ser utilizado, os modelos de planilhas de quantitativos e índices de documentos extraídos do arquivo, modelos de folhas e de padrões gráficos, e mesmo outros padrões que possam ser adotados. A **Figura 4.6** ilustra uma tela de abertura de um *template*, com os elementos disponíveis à vista.

Os objetos disponibilizados no *template* podem ser previamente vinculados a especificações ou bases de custos por meio de códigos normatizados, como SINAPI[5] ou a codificação da ABNT NBR 15965, ou códigos proprietários, como na maioria das construtoras brasileiras. Esse procedimento facilita muito a obtenção de estimativas de custos e listagens de suprimentos.

---

[5] É importante destacar que o SINAPI é uma codificação de serviços, pois consiste em composições de custo, porém é possível vincular sua codificação ao elemento que serve de mensuração para o serviço, com a unidade de medida correspondente.

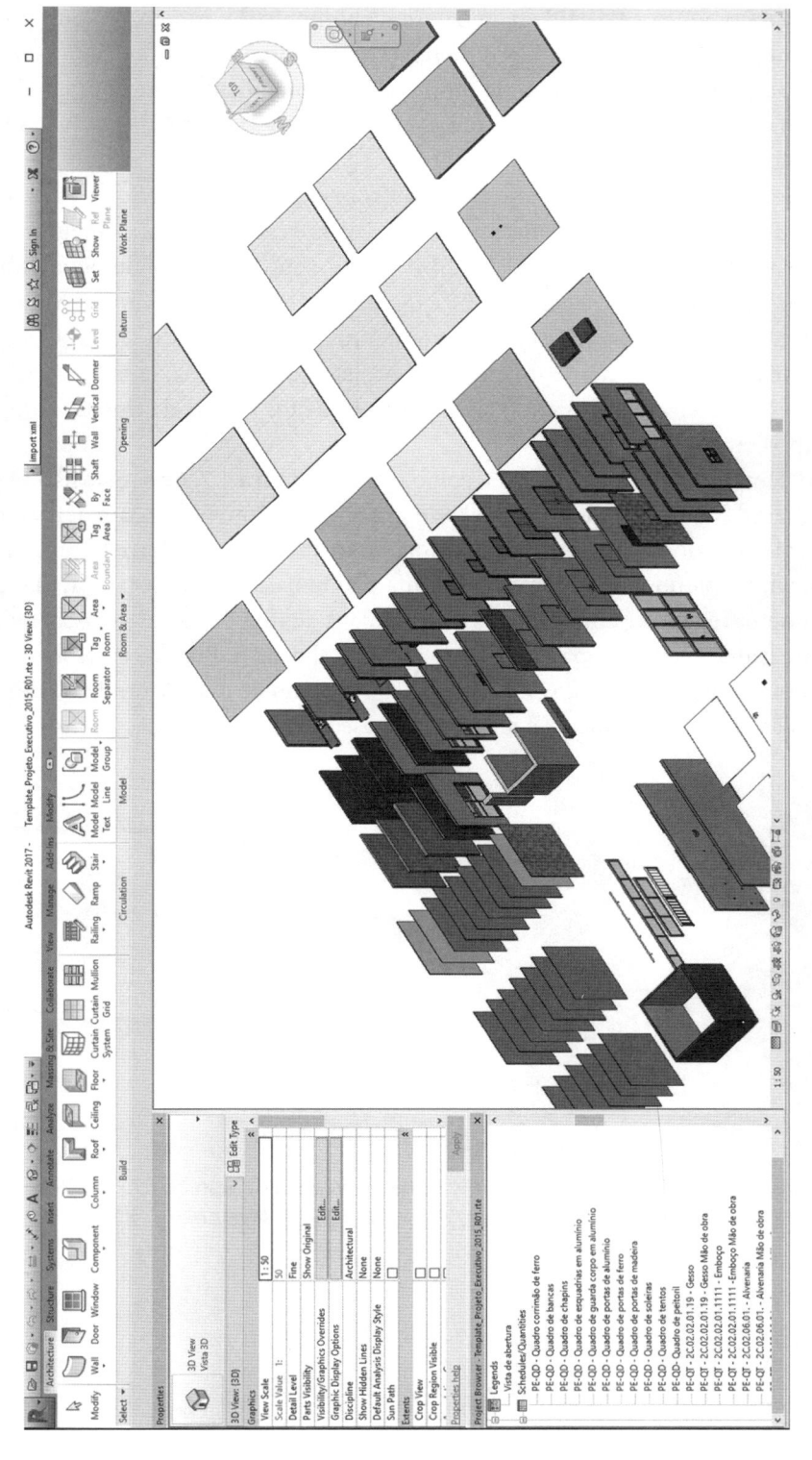

Figura 4.6 Exemplo de tela de abertura de um *template* no REVIT. Fonte: GDP.

O *template* é o ponto de partida para o desenvolvimento do projeto, em que as informações de coordenadas, níveis e planos de referência serão ajustadas ao caso específico em estudo e, a partir de um arquivo de modelo base, serão facilmente compartilhadas. Ele leva a uma grande economia para o projetista, que pode atingir 30% das horas técnicas consumidas no projeto.

Templates também são úteis para grandes proprietários de edifícios e instalações, como redes de hotéis, de serviços de saúde e órgãos governamentais. O melhor exemplo nessa área talvez seja o sistema SEPS2BIM (http://seps2bim.org/) desenvolvido por ONUMA para atender inicialmente ao SEPS (*Space and Equipment Planning System*) do U.S. Department of Veterans Affairs (Departamento de Veteranos do USA). Ele facilita enormemente o desenvolvimento de estudos e projetos de edifícios de saúde a partir de especificações padronizadas dos equipamentos e requisitos para cada tipo de compartimento, grupos ou zonas de serviço.

Nesse sistema, acessível pela internet, como ilustra a **Figura 4.7**, é possível não só obter objetos virtuais de equipamentos, mas de todo um ambiente ou mesmo um departamento. E, por meio de associações em uma planilha ou formulário na internet,[6] propor uma localização em mapa no navegador, e obter uma planta básica para instalação de saúde, visualizada no navegador e com todas as informações de funções e custos associadas.

O uso de gabaritos de compartimentos pode ser aplicado a diversos tipos de projetos nos quais exista uma padronização, seja bastante rígida como no caso de unidades de saúde, ou para escolas ou mesmo projetos habitacionais baseados em construção industrializada.

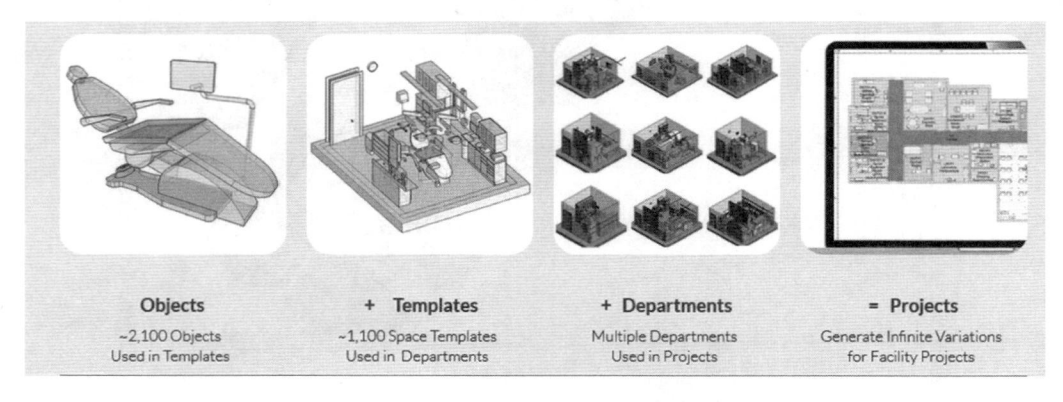

Objects	+ Templates	+ Departments	= Projects
~2.100 Objects Used in Templates	~1.100 Space Templates Used in Departments	Multiple Departments Used in Projects	Generate Infinite Variations for Facility Projects

Figura 4.7   Ilustração das diferentes possibilidades de uso do SEPS2BIM.
Fonte: SEPS2BIM. Disponível em: http://seps2bim.org/. Acesso em: 12 abr. 2018.

---

[6] Ver http://seps2bim.org/project-generator.html. Acesso em: 12 abr. 2018.

Capítulo 5

Planejamento do Processo BIM

Planejamento das etapas, dos entregáveis e das atividades. Organização do ambiente do trabalho. Definição de requisitos do projeto. Elaboração do Plano de Execução BIM.

FASES, ATIVIDADES E PRODUTOS NO PROCESSO BIM

O processo BIM tem novos produtos, boa parte constituída por modelos BIM com usos diversos. São novos entregáveis do projeto e devem ser definidos no escopo de contrato e no cronograma do projeto. Devem ser estabelecidos com base no Plano de Execução BIM, que, por sua vez, tem como fundamento as metas estratégicas da organização, como veremos adiante.

No processo BIM, como decorrência de maior aprofundamento nas soluções, costuma haver um enxugamento de etapas. Por exemplo, o projeto básico costuma ser mais extenso, uma vez que tem por objetivo definir e compatibilizar os diferentes sistemas da edificação, entretanto não é necessária a etapa de pré-executivo, normalmente voltada a finalizar a compatibilização. Pelo mesmo motivo, o projeto legal para prefeitura pode ser apresentado com base no Estudo Preliminar.

Embora cada empreendimento tenha seus objetivos específicos e, consequentemente, vai demandar diferentes entregáveis, apresentamos a seguir uma lista de sugestões de atividades e entregáveis vinculados ao processo BIM para cada fase do projeto, sem a pretensão de abranger todas as possibilidades. Elas devem ser adaptadas a cada caso, considerando a complexidade do empreendimento, a qualificação da equipe, a infraestrutura tecnológica e a disponibilidade de recursos financeiros. É fundamental que essa lista de atividades do cronograma esteja absolutamente coerente com o escopo do projeto descrito nos documentos de contrato.

A norma ABNT *NBR 16636-2:2017 Elaboração e desenvolvimento de serviços técnicos especializados de projetos arquitetônicos e urbanísticos Parte 2: Projeto arquitetônico* especifica que os projetos sejam realizados em duas fases, sendo a primeira de preparação, incluindo as seguintes etapas:

- Levantamento de informações preliminares (LV–PRE).
- Programa geral de necessidades (PGN).
- Estudo de viabilidade do empreendimento (EVE).
- Levantamento das informações técnicas específicas (LVIT–ARQ) a serem fornecidas pelo empreendedor ou contratadas no projeto.

A segunda fase prevista por essa norma indica as seguintes etapas:

- Levantamento de dados para arquitetura (LV–ARQ); levantamento das informações técnicas específicas (LVIT–ARQ) a serem fornecidas pelo empreendedor ou contratadas no projeto.
- Programa de necessidades para arquitetura (PN–ARQ).
- Estudo de viabilidade de arquitetura (EV–ARQ).
- Estudo preliminar arquitetônico (EP–ARQ).
- Anteprojeto arquitetônico (AP–ARQ).
- Projeto para licenciamentos (PL–ARQ).
- Estudo preliminar dos projetos complementares (EP–COMP).
- Anteprojetos complementares (AP–COMP).
- Projeto executivo arquitetônico (PE–ARQ).
- Projetos executivos complementares (PE–COMP).
- Projeto completo de edificação (PECE).
- Documentação conforme construído (*as built*).

Porém, no processo de projeto BIM temos que adaptar essas fases e etapas, pois nem sempre elas ocorrem de modo isolado e algumas de suas atividades podem ser executadas pelo contratante ou serem delegadas a um especialista. Além disso, algumas informações indicadas podem ser efetivamente necessárias somente após uma análise inicial. Por exemplo, para a realização de um estudo de viabilidade físico-financeiro não seria preciso ter um levantamento topográfico exato, uma vez que os dados da planta cadastral do município associados aos dados de registro do imóvel normalmente são suficientes para esta etapa. Porém, para um Estudo Preliminar, a topografia correta será indispensável.

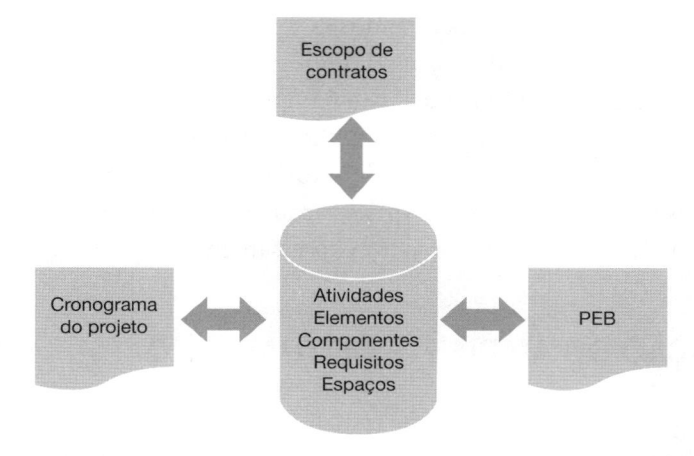

Figura 5.1 Integração de terminologia entre documentos.

O aprofundamento das informações ao longo do projeto é característico do seu desenvolvimento e ele não termina nem com a entrega do projeto, pois então se dará início a outro processo de coleta de dados, desta vez sobre o desempenho da instalação. E todas essas informações serão inseridas ou vinculadas ao modelo BIM, por isso é importante a definição prévia dos tipos de dados que deverão ser tratados, por quem e qual sua finalidade, pois isto vai orientar a organização do modelo BIM e a estruturação dos dados ao longo de todo o processo BIM.

Assim, esses aspectos devem constar no escopo dos serviços descrito nos contratos, no cronograma de projeto e no BEP.

Para evitar que algum desses documentos traga uma incoerência com os demais é possível utilizar aplicativos que dão suporte a essa homogeneidade, como o dRofus ou o Codebook; porém, um trabalho cuidadoso de estruturação de dados, seja em um banco de dados, em uma planilha Excel ou mesmo no próprio modelo BIM de autoria, também pode ser a base para a compatibilidade entre os documentos. Fundamentalmente, trata-se de assegurar que a terminologia adotada ao longo do tempo em todo o projeto respeite os mesmos termos para atividades, componentes, elementos, requisitos e suas unidades e indicadores, como ilustrado pela **Figura 5.1**. A ABNT NBR 15965 – *Sistema de classificação da informação da construção*, em suas diversas partes, é uma excelente referência para construir essa base de dados com termos padronizados.

A seguir, apresentamos um roteiro de etapas e respectivos produtos o qual deve ser adaptado às necessidades específicas de cada empreendimento, uma vez que cada caso tem necessidades e recursos que compõem uma organização única.

Para todas as entregas e trocas de dados o BEP deve definir o formato de arquivo a ser utilizado, se IFC ou proprietário, qual a versão e como será efetuada a distribuição e o controle.

A cada entrega de modelos e documentos associados deve ser efetuada pelo projetista uma cópia de segurança tanto dos arquivos entregues como do arquivo do aplicativo de autoria no local em que foram gerados. Isto é importante, pois os modelos ali contidos continuarão a ser desenvolvidos, provavelmente logo após a entrega. Desse modo, é necessário preservar uma cópia do arquivo de autoria para que se haja possível verificação em caso dúvidas ou conflitos. Note-se que os arquivos de autoria usualmente não serão entregues ao contratante, exceto se isso for expressamente definido em contrato.

ORGANIZAÇÃO DO AMBIENTE DE TRABALHO

Vimos que a organização do ambiente de trabalho por meio de gabaritos de projeto (*templates*) ou conjuntos de favoritos são um componente importante no processo BIM. A cada novo projeto, os *templates* genéricos devem ser conformados ao contexto específico, contemplando os itens a seguir. Em alguns contratos, esta atividade pode ser tratada como uma entrega inicial e, ainda que isso não ocorra, ela deve ser considerada no cronograma de atividades.

Tarefas preliminares para o ajuste do *template*

- Organização do *browser*.
- Tipos de vista.
- Famílias de anotações.
- Famílias de formato de folhas de desenho.
- Espessuras de linhas.
- Estilos de linhas.
- Estilos de objetos.
- Materiais básicos e sua codificação (definidos conforme padrão do cliente).
- Famílias básicas de sistema, adaptadas aos padrões construtivos do cliente.
- Famílias básicas de componentes para o desenvolvimento do modelo adaptadas aos padrões construtivos do cliente.

Configurações preliminares à modelagem

O *template* deve ser configurado para as condições específicas da obra e sua localização, a partir de diretrizes de execução definidas com o cliente e documentadas no Plano de Execução BIM, e nele deve constar:

- Locação do objeto – cidade, estado, país.
- Definição de planos horizontais e verticais organizadores do projeto.

- Definição de eixos, níveis e planos de referência.
- Locação de pontos de referência em função de coordenadas geográficas.
- Definição do norte do projeto e alinhamento do projeto com relação ao norte verdadeiro.
- Definição de critérios para sistema de medidas.
- Definições dos *worksets*.
- Organização do modelo central e sua eventual subdivisão em modelos parciais inseridos por meio de *links*.

Este último ponto é particularmente importante para a coordenação dos diferentes projetos. É possível que as diferentes disciplinas adotem divisões diversas, mas elas devem ser coordenadas entre si. Por exemplo, em caso de várias torres, os arquivos de arquitetura podem ser relativos aos pavimentos tipos de cada uma, mais embasamento, porém os arquivos de instalação provavelmente serão únicos para cada torre. A setorização de estrutura, quando ocorrer, também deve ser coordenada com a divisão adotada pela arquitetura, em geral respeitando as juntas da estrutura. Finalmente, o planejamento da execução também deverá seguir uma setorização, de preferência a mesma da estrutura e arquitetura. *Como essa organização dos arquivos se reflete em diversas disciplinas, é importante que ela seja definida em conjunto, pois alterações posteriores serão trabalhosas. Por isso, ela deve fazer parte das definições do Plano de Execução BIM.*

PRODUTOS NA ETAPA DE INCEPÇÃO OU DE ESTUDOS DE VIABILIDADE

Trata-se da fase em que será decidido se um problema ou uma oportunidade de negócio vai resultar em um empreendimento, sendo fundamental uma análise de viabilidade legal, técnica e financeira. O processo BIM apresenta aqui diversas vantagens, pois ao facilitar simulações e permitir vincular dados entre diferentes aplicativos, ele permite criar com menos esforços diferentes cenários de solução e comparar seus desempenho em termos de volumetria, inserção urbana, fluxos e de custos, com estimativas de melhor acurácia que no CAD e o uso de métodos expeditos de orçamentação por áreas equivalentes, pois é possível considerar diversos tipos de elementos, como áreas e tipologia de fachadas e não apenas tipos de lajes de pavimentos.

As atividades desta etapa podem ser responsabilidade do contratante ou serem parcialmente contratadas a terceiros, o que é mais comum no caso de projetos complexos ou especializados. Mas, no mínimo, deverão resultar nos produtos indicados a seguir.

Relatório de requisitos do empreendimento

Consiste no detalhamento dos requisitos a que o projeto deve atender ao longo de seu desenvolvimento, além daqueles derivados das exigências legais e técnicas usuais. No caso de obras mais complexas, pode ser subdividido em relatórios específicos, a serem atribuídos a especialistas, podendo incluir:

- Metas de sustentabilidade, como consumo de energia e água, uso de materiais locais ou reciclados e, se for o caso, certificações aplicáveis ao empreendimento.
- Metas orçamentárias: limites do investimento geral, curvas de aplicação de recursos e de obtenção de receitas (p. ex., velocidade de vendas considerada).
- Metas de execução: prazos estimados para início de obras e sua articulação como o desenvolvimento dos projetos executivos.
- Identificação de estudos especializados eventualmente necessários, como análises de tráfego de veículos e pedestres, geotecnia, climatologia etc.
- Avaliação de tecnologias construtivas aplicáveis: disponibilidade de mão de obra qualificada e de equipamentos e materiais na região do empreendimento, necessidade de uso de tecnologias especiais para algum requisito de execução.

Veremos adiante que a norma ISO 19650 tem entre suas exigências a elaboração dos requisitos da organização para a gestão da informação e que vão compor parte dessas definições.

Modelo de projeto conceitual

Consiste na elaboração do modelo BIM contendo as propostas que respondam aos requisitos do projeto, podendo incluir:

- Volumetria.
- Quantitativos gerais por tipos de envelopes e/ou áreas de pisos.
- Estimativas de custos elaboradas a partir dos quantitativos gerados.
- Esquemas de fluxos de pessoas e veículos, estimativas de demandas de vagas a partir de critérios predefinidos.
- Indicativos de elementos especiais, como acabamentos de fachadas ou coberturas.
- Indicativos de conexões de tráfego de pedestres e veículos e seus acessos.
- Simulação de desempenho lumínico, energético e análise de insolação.

É usual que sejam desenvolvidos diferentes cenários de solução para a demanda apresentada. Conforme o *software* de autoria em uso, isso poderá ser executado mediante o uso dos recursos de *design options* (opções de projeto) ou pela comparação entre diferentes modelos e seus resultados.

Estudo de viabilidade físico-financeiro

Consiste na documentação, com base no modelo BIM do projeto conceitual e de suas análises de viabilidade arquitetônica e financeira. Pode ser desenvolvido com apoio do *software* especializados de análise financeira ou planilhas, sendo necessário em ambos os casos que os dados de entrada relativos aos quantitativos de áreas, volumes e tipos de elementos sejam extraídos e vinculados ao modelo BIM conceitual, assim como a bases de indicadores de custos ou de desempenho.

A apresentação do estudo usualmente inclui plantas de situação, volumetrias dos cenários estudados e análises comparativas de desempenho físico financeira e, se for o caso, energéticas, urbanas e ambientais de cada cenário proposto.

Quando forem desenvolvidos diferentes cenários de solução, é conveniente demonstrá-los tanto na documentação gráfica, como ilustrado na **Figura 5.2**, como em peças de animação. Mas esta é uma entrega diferenciada que deve ser destacada no escopo do contrato.

PRODUTOS NA ETAPA DE ESTUDOS PRELIMINARES

O Estudo Preliminar, segundo a ABNT NBR 16632-2:2017, deve definir as seguintes informações:

- Sucintas e suficientes para a caracterização geral da concepção adotada, incluindo indicações das funções, dos usos, das formas, das dimensões, das localizações dos ambientes da edificação, bem como de quaisquer outros requisitos prescritos ou de desempenho.
- Sucintas e suficientes para a caracterização específica dos elementos construtivos e dos seus componentes principais, incluindo indicações das tecnologias recomendadas.
- Relativas a soluções alternativas gerais e especiais, suas vantagens e desvantagens, de modo a facilitar a seleção subsequente.

No projeto BIM, isso se traduz pelo desenvolvimento de um modelo com uso de componentes, em geral em ND 200, pois nessa etapa os componentes são genéricos, com algumas exceções de acabamentos ou elementos especiais. O modelo BIM deve conter os itens e dados previstos no BEP.

Como nessa etapa já se inicia a colaboração e troca de arquivos entre diferentes disciplinas, será necessário definir as bases para esse processo. Como regra geral, cabe ao arquiteto fornecer um primeiro modelo base que servirá para os demais projetistas desenvolverem suas propostas, e a ele também cabe a manutenção desse modelo atualizado.

No caso de existir projetistas que ainda não tenham adotado o processo BIM, por exemplo os projetistas de segurança de incêndio e paisagismo, é provável que caiba ao arquiteto fornecer, além do modelo BIM de coordenação, bases DWG, para serem utilizadas

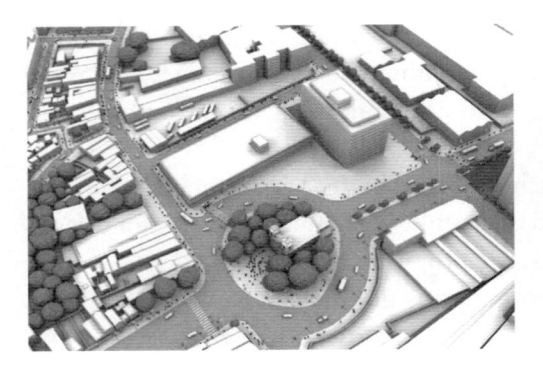
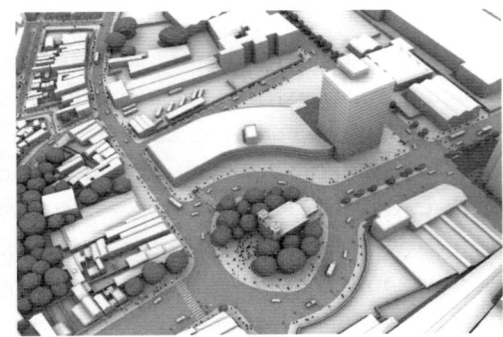
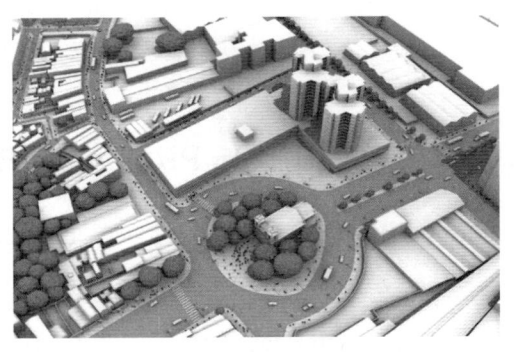

Indicadores	Hipótese A	Hipótese B	Hipótese C
PREÇO DE VENDA POR M²	R$ 9.653,62	R$ 11.639,43	R$ 11.545,86
VGV	143.985.600,00	166.056.000,00	192.934.410,00
EQUIVALÊNCIA DE CEPAC	1	0,6	0,6
VALOR UNITÁRIO CEPAC	R$ 1.300,00	R$ 1.300,00	R$ 1.300,00
PREÇO DO M² DO TERRENO	R$ 5.901,40	R$ 5.902,40	R$ 5.903,40
ÁREA DO TERRENO	2.541,77	2.541,77	2.541,77
IAT	7,89	7,55	7,98
ÁREA DE VENDA	14.915,20	14.266,68	16.710,27
ÁREA CONSTRUÍDA	28.120,23	28.551,30	30.870,03
CUSTO DA CONSTRUÇÃO/M² ÁREA CONSTRUÍDA	R$ 2.611,47	R$ 2.403,67	R$ 2.207,11
ATE EM M²	20.044,96	19.181,33	20.293,50
CÁLCULO CEPAC = ATE − (TERRENO*CAB)	17.503,19	27.732,60	29.586,22
CUSTO TOTAL CEPAC	R$ 22.754.147,00	R$ 36.052.380,00	R$ 38.462.081,67
% CUSTO TOTAL CEPAC/VGV	15,80%	21,71%	19,94%
CUSTO TOTAL TERRENO	R$ 15.000.001,48	R$ 15.002.543,25	R$ 15.005.085,02
% CUSTO TOTAL TERRENO/VGV	10,42%	9,03%	7,78%
CUSTO TOTAL TERRENO + CUSTO TOTAL CEPAC	R$ 37.754.148,48	R$ 51.054.923,25	R$ 53.467.166,68
CUSTO TOTAL TERRENO + CUSTO TOTAL CEPAC/VGV	26,22%	30,75%	27,71%
% CONSTRUÇÃO/VGV	51,00%	41,33%	35,31%
MARGEM LÍQUIDA	**−9%**	**3%**	**17,21%**

Figura 5.2 Comparativo entre diferentes cenários de solução em um estudo de viabilidade. Fonte: GDP.

como referências externas (XREF).[1] Essas bases não devem conter informações desnecessárias ao seu objetivo; em geral, limitam-se às informações geométricas gerais, níveis e nomes dos compartimentos.

Para o sucesso do processo BIM, entretanto, é fundamental que as disciplinas "centrais", os projetistas de arquitetura, estruturas, instalações prediais e de ar-condicionado e ventilação, adotem o BIM. Projetos híbridos, em que uma dessas disciplinas usam CAD, resultam em aumento de conflitos e prazos, sendo frequentemente um dos motivos de insucesso na implantação de BIM. Para o caso desses projetistas CAD, deve ser perfeitamente definido o conteúdo das bases, uma vez que alguns aplicativos de autoria têm limitações para gerar DWGs a partir de arquivos vinculados. Mas isso não é um problema, pois o mais importante para uso pretendido é a geometria básica e os dados gerais, como nomes de compartimentos e o que é corretamente exportado. Os problemas nessa exportação costumam ocorrer com visualizações de linhas e outros símbolos gráficos.

Apresentamos a seguir uma lista básica de produtos nessa etapa, a ser adaptada a cada disciplina e situação de projeto.

Modelo BIM da proposta inicial de arquitetura

Consiste no modelo BIM fornecido pelo arquiteto para efeito de proposta inicial de solução. É desenvolvido com base nos requisitos de projetos, mas nesta primeira versão ainda não abrange necessariamente todos eles, pois as demais disciplinas ainda não apresentaram seus questionamentos e diversos pontos ainda serão objeto de aprofundamento. Trata-se de um arcabouço de proposta, sobre o qual deverão ser desenvolvidas as análises conjuntas.

Para efeito de distribuição e aprovação pelo cliente, esse modelo deve ser acompanhado de um relatório contendo a descrição do partido arquitetônico e um sumário de projeto, podendo incluir plantas, fluxogramas, planilhas de quantidades, volumetrias e outros recursos gráficos e visuais, como animações 3D.

Em projetos industriais ele será precedido pelo estudo de *layout* industrial, sendo possível transferir os dados desse estudo, possivelmente em um aplicativo especializado como o SOLIDWORKS ou Factory Design Utilities da AUTODESK para o aplicativo de autoria BIM, como ilustra a **Figura 5.3**. Isso facilita a análise da solução construtiva e, posteriormente, o estudo da solução construtiva e seu faseamento.

Modelo BIM base preliminar

Consiste no modelo BIM da proposta preliminar, aprovada pelo contratante, que será repassado aos responsáveis pelos demais projetistas complementares, para que desenvolvam

---

[1] Para instruções de uso de arquivos como XREF ver o documento da ASBEA, Diretrizes gerais para intercambialidade de projetos em CAD, disponível em: http://www.asbea.org.br/userfiles/manuais/7e942be1be-1f79072a2cffe3f27a270a.pdf. Acesso em: 15 mar. 2018.

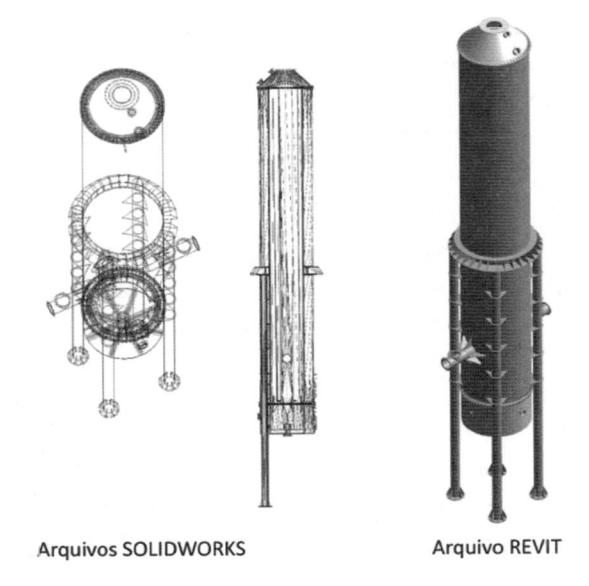

Arquivos SOLIDWORKS   Arquivo REVIT

Figura 5.3 Integração entre projeto mecânico e projeto de construção. Fonte: GDP.

suas propostas. Em cada disciplina, ele deve ser acompanhado do respectivo memorial, com relatório de atendimento aos requisitos de projeto, se for o caso, atualizado após a aprovação da proposta inicial de arquitetura.

No caso dos projetos de instalações prediais, esta fase costuma ser restrita ao encaminhamento principal e dimensionamento geral e, no caso da estrutura, um modelo com estudo de pré-dimensionamento.

Modelos de coordenação

Nessa etapa, já se inicia o processo de coordenação e compatibilização das soluções apresentadas pelas disciplinas, ainda que não seja detalhado. O caminhamento geral de instalações, a definição de áreas técnicas e seu pré-dimensionamento são pontos que já devem ser estabelecidos nessa etapa. Para isso será fornecido, por cada disciplina, um modelo de coordenação, para análise da compatibilização entre as diferentes necessidades e avaliação da qualidade de concepção geral. Os arquivos costumam ser em formato IFC, pois a grande maioria dos aplicativos de análise de modelos federados utiliza este padrão, e devem atender aos requisitos de informação definidos para a etapa no Plano de Execução BIM.

Modelo BIM do Estudo Preliminar

Consiste no resultado do desenvolvimento do Estudo Preliminar para cada disciplina de modo a contemplar as exigências de todas as disciplinas envolvidas, os requisitos do cliente, as premissas de projeto e os requisitos legais e normativos aplicáveis a essa etapa. Consiste em modelo BIM ou IFC compatibilizado com as definições das diferentes disciplinas, com relatório de coordenação que demonstre a compatibilidade entre as necessidades de cada disciplina e o atendimento dos requisitos de projeto relacionados.

Esse modelo será fornecido por todas as disciplinas desenvolvidas em BIM para a composição do Modelo Federado do Estudo Preliminar. Será validado após a avaliação conjunta dos participantes e da coordenação do projeto.

Documentação do Estudo Preliminar

Uma vez que o modelo BIM preliminar esteja compatibilizado com os requisitos das demais disciplinas e validado em conjunto com o cliente, será desenvolvida a documentação desta etapa, que consiste em:

- Folhas gráficas (Desenhos 2D): plantas gerais, cortes e fachadas em nível de estudo preliminar (1/100 ou 1/200, elaborado a partir de componentes genéricas etc.).
- Quantitativos e especificações preliminares.
- Memorial justificativo do projeto.
- Animações 3D ou para imersão em realidade virtual, assim como peças gráficas em alta resolução são opcionais, mas se forem produzidas devem ser item de contrato e, possivelmente, de remuneração em separado.

Plantas base DWG (opcional)

Consiste nas plantas base em nível preliminar para o desenvolvimento dos projetos complementares que ainda serão desenvolvidos em 2D, consistindo em arquivos DWG fornecidos pelo arquiteto com a representação geométrica arquitetônica da edificação "em osso" ou com paredes genéricas, sem cotas, mas com níveis e nomenclatura dos compartimentos e setores. Esses arquivos deverão ser utilizados como arquivos XREF nos aplicativos CAD. Podem conter um *layer* com representação de informações adicionais, como o mobiliário típico e/ou simbologia de instalações previstas, ou esta informação pode ser documentada à parte.

Como se trata de um item opcional, deve constar em separado nos contratos, com remuneração específica.

Modelagem de elementos dos projetos 2D (opcional)

No caso dos projetos complementares ainda não desenvolvidos no processo BIM, será preciso que suas propostas sejam modeladas para inserção no arquivo federado. Sem esse procedimento, suas informações não serão computadas ou avaliadas corretamente pela coordenação. Por exemplo, não será possível considerar seus itens em quantitativos para estimativas de custos ou prazos.

Considerando que em geral serão disciplinas nas quais a etapa de Estudo Preliminar ainda está com nível de definição relativamente simples, é provável que seus elementos possam ser inseridos apenas como símbolos. Mesmo assim, é preciso designar que um dos projetistas BIM inclua esses dados no seu modelo, sendo isto caraterizado como serviço adicional.

PRODUTOS NA ETAPA DE PROJETO LEGAL

Uma vez que no processo BIM existe uma antecipação da entrada dos especialistas, o nível de confiança na solução atingido já na etapa de Estudo Preliminar costuma ser maior que no processo CAD, e o Estudo Preliminar entregue por disciplina será o início de um processo de compatibilização. Porém, no processo BIM essa etapa significa que todos os participantes atingiram o mesmo nível de confiança em suas propostas e que elas já estão compatíveis e coerentes entre si. Por isso, como resultado imediato do Estudo Preliminar, à semelhança das práticas europeias e norte-americanas, é possível apresentar a documentação para licenciamento da obra.

O Estudo Preliminar deve ser elaborado pela extração da documentação padrão para aprovação pela prefeitura a partir do modelo BIM de arquitetura. Para isso, o gabarito de projeto deve conter todas as planilhas e cálculos de áreas e outras, como para cálculo de volume de reservação de água, lixo, permeabilidade etc. bem como as diversas folhas padronizadas segundo as regras do município onde será desenvolvida a obra (**Figura 5.4**).

Um problema comum nos projetos para licenciamento são as pequenas divergências entre as dimensões reais do lote e as que constam nos registros legais. Quando são pequenas, muitas vezes não será efetuada a correção dos registros, mas apenas alguns indicativos para a sua compensação na obra, que podem ser incluídos no modelo como opções de projeto (*design options*). O importante é que essas diferenças, mesmo pequenas, fiquem claramente definidas.

PRODUTOS NA ETAPA DE PROJETO BÁSICO OU ANTEPROJETO

No processo BIM, completar o projeto básico significa chegar a um nível de confiança nas informações que permita iniciar os serviços de construção preliminares, como movimento de terra, escavações e, em alguns casos, até mesmo as fundações. Este, aliás, é um dos motivos para desenvolver o projeto legal imediatamente após a etapa de Estudos Preliminares, antes ou no mínimo em paralelo com o Projeto Básico.

Para isso, o modelo BIM será desenvolvido com maioria de componentes em ND 300 ou superior, com detalhamento de revestimentos, paginação e/ou modulação de esquadrias, sistemas de tubulações, dutos, comunicação, estruturas e outras definições necessárias para consolidar a proposta arquitetônica e construtiva, contemplando todas as especialidades envolvidas.

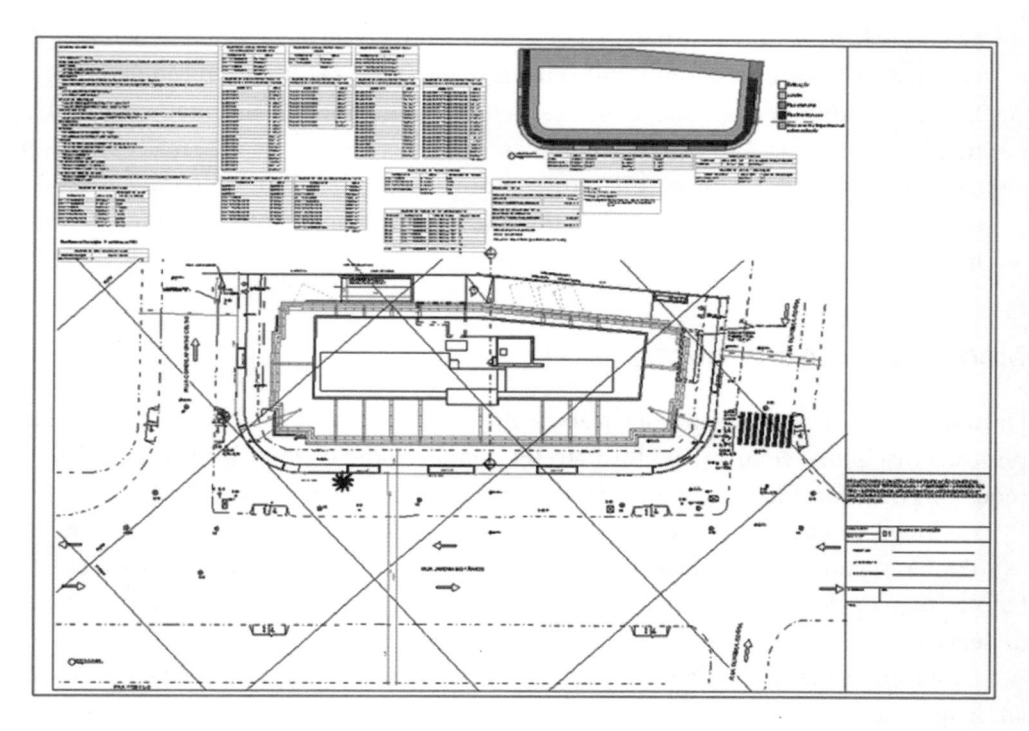

Figura 5.4 Exemplo de planta de situação de projeto legal com planilhas automatizadas. Fonte: GDP.

Em projetos habitacionais e administrativos é incluída a definição de *layout* das áreas de maior complexidade, como banheiros, cozinhas, recepção, salas de trabalho etc. Em projetos industriais, o desenvolvimento do *layout* industrial será consolidado e pode se refletir na exportação de seus elementos para o aplicativo de autoria BIM, em que será mais fácil de analisar a integração entre equipamentos, a construção e suas instalações, bem como as análises de processo de montagem, em *software* como NAVISWORKS, SOLIBRI ou similares. Também o *layout,* seja de interior, seja industrial, deve ser desenvolvido com uso de componentes BIM, pois além de melhor visualização, permite a obtenção de quantitativos do mobiliário e equipamentos e sua inserção em sistemas de manutenção e gerenciamento de patrimônio (FM).

A lista básica de atividades e produtos desta etapa será:

Bases para complementares (Arquitetura)

- Modelo BIM Base extraído do modelo de Estudo Preliminar aprovado, contendo apenas a geometria (inclusive níveis, planos de referência, coordenadas), definições de compartimentos, setores, materiais e componentes básicos.

- Se necessário, plantas base para o desenvolvimento dos projetos complementares 2D em nível pré-executivo, consistindo em arquivos DWG extraídos do Modelo BIM de Estudo Preliminar aprovado, com a representação geométrica arquitetônica e estrutural da edificação "em osso" ou com paredes genéricas, sem cotas, mas com níveis e nomenclatura dos compartimentos e setores. Esta etapa deve conter *layers* específicos com distribuição de pontos de instalações, posicionamento de equipamentos e mobiliários e outras informações relevantes para o caso.

Modelos de coordenação

Destinados ao processo de coordenação e compatibilização das soluções, são fornecidos por cada disciplina, em geral em formato IFC, em periodicidade definida e conforme os requisitos de informação definidos para a etapa no Plano de Execução BIM.

Ao longo da etapa, serão fornecidas diversas versões desses modelos, à medida que as soluções sejam aprofundadas. Em projetos mais complexos e longos, é possível estabelecer marcos de volume de informação intermediários de modo a permitir medições de serviço parciais.

Destacamos que a atividade de verificação de conflitos é responsabilidade de todos, ainda que mediada pelo gerente do projeto. Com uso de ferramentas de coordenação, a solução de conflitos de projeto é uma rotina da concepção e da coordenação. Antes do envio dos modelos de coordenação, cabe a cada projetista efetuar suas próprias verificações de compatibilização atendimento aos requisitos de informação, sendo as reuniões de coordenação direcionadas à otimização geral e à solução de problemas mais complexos.

Modelo de projeto básico

Consiste no desenvolvimento de modo integrado do modelo BIM pelas diversas especialidades, de modo a compor o modelo federado para permitir a análise coordenada das demandas de todas as disciplinas, requisitos de cliente e premissas de projeto aplicáveis a esta fase. O produto de cada especialidade será o Modelo BIM, fornecido em IFC ou formato proprietário, perfeitamente coordenado e validado, acompanhado do Relatório de Coordenação.

Opcionalmente, para a validação[2] do modelo do projeto básico pode ser necessária a exportação dos dados dos projetos complementares a serem desenvolvidas em CAD, em DWG. Durante o processo de coordenação e otimização do projeto, na análise do modelo federado provavelmente vão surgir alterações dos projetos elaborados em CAD, sendo

---

[2] A validação é o procedimento de aceitação pela coordenação e pela equipe de projeto do estágio dos modelos BIM tendo por referência os requisitos do projeto me as boas práticas aplicáveis. A "aprovação" é um procedimento administrativo e comercial efetuado pelo contratante ou pela gerenciadora.

comum o reposicionamento de tubulações ou equipamentos, daí ser preciso exportar esses dados em novas plantas DWG, provavelmente na forma de diagramas unifilares, para que possam ser incorporados nos respectivos projetos. Devem ser definidos os responsáveis por essa atividade, em geral o mesmo que modelou esses elementos, sendo os arquivos DWG uma entrega adicional a seus contratos.

Documentação do projeto básico

Após a validação do Modelo BIM projeto básico federado será desenvolvida a documentação por disciplina, tendo como produtos:

- Folhas gráficas (Desenhos 2D): plantas gerais, cortes e fachadas, elevações e isométricas pertinentes a cada especialidade. Esses desenhos devem ser gerados a partir do modelo, sendo recomendável que nas pranchas seja gravado o nome do arquivo que originou a folha. Os formatos para os respectivos arquivos recomendados são o PDF ou DWF.
- Quantitativos e especificações gerais de compartimentos e elementos conforme cada disciplina. No caso da arquitetura, por exemplo, devem ser especificados os revestimentos por tipo de ambiente (área de paredes, revestimentos e pisos internos por compartimentos, áreas de fachadas por painéis e tipos de revestimentos), quantidade e área de esquadrias por modelo e tipo de material (alumínio, madeira, aço), áreas de pisos externos e coberturas, áreas de guarda-corpo por tipo, metragem linear de corrimãos, rodapés e outros elementos. No caso de estrutura de concreto, deve ser emitido um quantitativo de forma e volume de concreto, já as instalações prediais devem conter os elementos de distribuição, tubulações até os ramais, caixas e painéis, dutos e especificação básica dos equipamentos conexos.
- Memorial atualizado do projeto, contendo os relatórios de cada especialidade com as justificativas das opções técnicas adotadas.

PRODUTOS NA ETAPA DE PROJETO EXECUTIVO

O projeto executivo consiste no desenvolvimento do modelo BIM de cada disciplina com uso de maioria de seus componentes no nível NED 300 e/ou 400, onde aplicável, com detalhamento de revestimentos, detalhes de esquadrias e outras definições necessárias para a boa execução dos serviços na obra. Inclui o aprofundamento da compatibilização do encaminhamento, dimensionamento e detalhamento de equipamentos e instalações, considerando as exigências de montagem, fixação, operação e manutenção

Inclui a complementação de detalhes das áreas de maior complexidade, como bancadas, chapins, pingadeiras, impermeabilizações, detalhes de revestimentos de alumínio ou fachadas secas etc., de modo a garantir o processo de execução desses elementos. Onde houver necessidade, o modelo BIM será complementado por projetos de produção ou fabricação desses elementos, a serem fornecidos pelos fabricantes ou montadores e que não serão necessariamente inseridos no modelo BIM de execução. Porém, pode ser interessante que sejam inseridos no Modelo BIM *As Built*, para utilização durante o comissionamento e na fase de operação.

Nesta etapa, prevemos os seguintes produtos e atividades:

Modelos de coordenação

Embora nessa etapa a coordenação e a compatibilização das soluções devam estar definidas, podem ser necessários ajustes decorrentes dos aspectos que nem sempre são abordados no projeto básico, como aspectos de montagem e manutenção de equipamentos. Por isso, esses modelos de coordenação são mais complexos e correspondem exatamente ao modelo de equipamento ou componente construtivo proposto, com suas especificações de peso, transporte e necessidades de espaços de montagem e manutenção representadas.

Devem ser fornecidos por cada disciplina, em geral em formato IFC, em periodicidade definida e conforme os requisitos de informação definidos para a etapa no Plano de Execução BIM.

Ao longo da etapa, pode ser fornecida mais de uma versão desses modelos, como regra geral apenas em caso de troca de especificação.

Modelo BIM executivo

Consiste no detalhamento e na inclusão de todos os componentes da construção no modelo, em formato proprietário ou IFC, e serão validados mediante inserção no modelo federado para análise de conflitos e otimização da solução construtiva, já sendo comum para a análise nessa etapa a necessidade de apoio de subempreiteiros especializados. Os Modelos BIM devem ser acompanhados pela emissão de relatório que evidencie que foram atingidos os objetivos da coordenação do projeto. Em conjunto, eles compõem o Modelo BIM final completo integrado, compatibilizado e validado.

O modelo federado final também pode ser considerado como uma entrega de produto atribuído à coordenação do projeto ou ao arquiteto, conforme a responsabilidade definida em contrato.

No caso de projetos que tenham interface direta com o modelo arquitetura, como decoração, piscinas e paisagismo e luminotécnica, mas não tenham sido desenvolvidos em BIM e estejam, portanto, em seus respectivos modelos BIM, é comum que sejam incluídos no modelo de arquitetura os elementos imprescindíveis à definição da edificação, como revestimentos de pisos e paredes, luminárias e outros componentes fixos, no mínimo sendo representados de modo esquemático. Caso esses projetos sejam desenvolvidos em BIM, evidentemente todos os seus elementos farão parte do modelo federado.

Documentação do projeto executivo

Após a validação do modelo BIM federado do executivo será desenvolvida por cada disciplina sua respectiva documentação.

Por exemplo, no caso da arquitetura devem ser executadas as plantas gerais, os cadernos de detalhes e, eventualmente, plantas complementares, podendo conter arquivos 2D em formato PDF, acompanhados de arquivos 3D (formato DWF, IFC ou PDF 3D), onde for pertinente. Uma vez que a documentação é gerada a partir do arquivo de autoria, mas com visualização do arquivo federado de todas as disciplinas, em todas as plantas de arquitetura podem ser incluídos elementos da estrutura e das instalações que estejam presentes nos respectivos modelos e que colaborem para a boa compreensão do projeto.

No processo BIM, a documentação de arquitetura pode ser enriquecida com elementos de outras disciplinas de modo a aumentar a clareza do projeto como um todo. Isso exige um volume de recursos um pouco maior, mas é muito vantajoso para a obra, sendo conveniente que esse fator se reflita no contrato. Porém, nos casos em que a equipe de obra disponha de acesso total ao modelo federado validado, a documentação gráfica pode ser sensivelmente mais simples, pois as informações estarão sempre disponíveis de modo completo. Essa alternativa, além de reduzir custos e prazos, melhora a acurácia do projeto, pois não há hipótese de informação duplicada.

Usualmente, a arquitetura deve gerar os seguintes produtos, que deverão ser adaptados a uma ou outra situação, conforme o acesso previsto para a equipe da obra ao modelo BIM federado, liberado para construção e como previsto no BEP:

- Caderno de Detalhes de Esquadrias de Alumínio.
- Cadernos de Detalhes Madeira, Ferro e Vidro Temperado (no caso de existirem os respectivos projetos de produção ou fabricação contratados a especialistas, esses dois cadernos podem se restringir a paginações, dimensionamento e especificações).
- Caderno de Detalhes de Áreas Molhadas.
- Caderno de Detalhes de Bancas, Tentos, Soleiras e Peitoris.
- Detalhes construtivos gerais: escadas, rampas, elevadores e outros pontos onde for necessário um melhor nível de detalhamento.
- Plantas gerais de arquitetura de cada pavimento, compatibilizadas com as definições da estrutura e instalações; identificação, área e perímetro dos compartimentos, níveis em osso e acabado, indicação de rebaixos e sancas, identificação de todos os detalhes, todas as cotas necessárias à execução das alvenarias.
- Plantas de tetos ou forros, com especificação e distribuição de luminárias e paginação de seus componentes.
- Plantas de entreforro (**Figura 5.5**), onde for relevante, de modo a demonstrar facilmente a conjugação das diferentes instalações e equipamentos ali instalados.

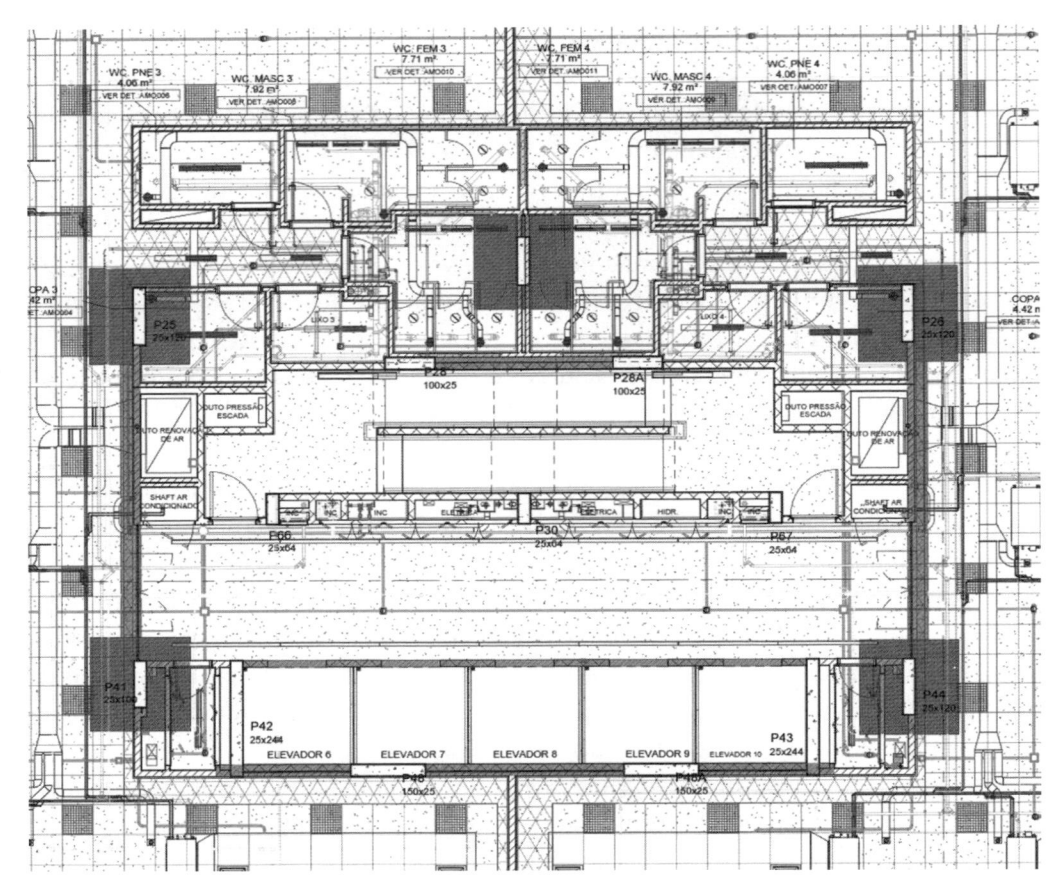

Figura 5.5 Exemplo de planta de entreforro. Fonte: GDP.

- Plantas de cobertura e terraços com indicação dos detalhes complementares de impermeabilização e revestimentos.
- Quadro de Especificações no padrão definido pelo contrato e Quantitativos e especificações gerais, em formato Excel, de paredes e elementos estruturais (volume de concreto, área de formas), quantitativos detalhados por área líquida e especificações de revestimentos por tipo e por ambiente (área de paredes, revestimentos e pisos internos por compartimentos, áreas de fachadas por painéis e tipos de revestimentos), quantidade e área de esquadrias por modelo e tipo de material (alumínio, madeira, aço), quadro de bancadas com área e quantidades por tipos, áreas de pisos externos e coberturas, metragem linear de materiais e componentes de faixas ou outros elementos mensurados deste modo, como chapins, soleiras, rufos etc., quadro de luminárias por tipo e compartimento.

No caso de serem desejados quantitativos que sigam critérios de medição, que tenham como referências faixas de revestimento mensuradas linearmente em vez de área ou descontem vãos, entre outros fatores, isso deve ser previamente definido em contrato com a arquitetura ou a disciplina em questão ou com os responsáveis pelo gerenciamento da obra, pois são trabalhosos *e exigem procedimentos de modelagem específicos*. Por exemplo, um trecho de sanca de gesso que deva ser computado de modo linear não pode ser modelado simplesmente como "forro de gesso", pois esse elemento é normalmente mensurado por área. A faixa deve ser modelada e nomeada como "sanca de forro de gesso", um elemento diferenciado e mensurado em metros lineares. Esse raciocínio se aplica a rodapés, chapins e outros elementos.

Do mesmo modo, o cálculo de áreas para medições por critérios, comuns em casos de revestimentos que não consideram vãos até certo tamanho, exige procedimentos de vincular dados de diferentes tabelas que normalmente devem ser executados por meio de vínculos externos entre as tabelas internas do aplicativo de autoria, como o REVIT e planilhas Excel externas. Uma alternativa é o uso de aplicativos que considerem regras, como o SOLIBRI.

Essas definições de procedimentos de modelagem, bem como a de quem será responsável por esses serviços e cálculos, devem constar do BEP, pois tanto podem ser desenvolvidos pela equipe de arquitetura, como ser um trabalho desenvolvido pela equipe de gerenciamento, que, nesse caso, desenvolverá um modelo BIM de construção específico, diferenciando esses elementos, se for o caso. Em qualquer situação há necessidade de capacitação específica da equipe responsável pela tarefa.

Como nas demais etapas, toda a documentação deve ser gerada a partir do modelo de autoria da respectiva disciplina, mas nesta etapa deve ocorrer a inserção dos modelos de coordenação das demais disciplinas que tenham interface com a documentação em desenvolvimento para que constem os seus dados de interface; porém, as especificações de cada disciplina não devem ser reproduzidas por outra. É importante que conste de cada emissão o nome e a versão do arquivo de origem, pois obrigatoriamente a documentação deve ter como base o modelo BIM, ainda que informações 2D sejam ocasionalmente acrescentadas nas folhas gráficas. Mesmo os detalhes, por exemplo, de bancadas, devem ter origem diretamente nos seus componentes BIM.

Projetos de produção ou fabricação

É cada vez mais comum que empreiteiros especializados desenvolvam seus projetos de fabricação ou produção.[3] E a integração de seus processos com os modelos BIM traz

---

[3] Um projeto de produção é aquele que tem a maioria de seus serviços executados no canteiro, por exemplo, um projeto de alvenaria modular ou de execução de contrapisos ou *drywall*. Projetos de fabricação ocorrem quando a produção dos componentes ocorre numa fábrica, como no caso de painéis de fachadas pré-fabricados ou mobiliários especiais.

vantagens a todos. Para o subempreiteiro, ele facilita a análise de seus processos executivos e dá segurança nas definições de prazos e quantitativos, inclusive de componentes muito simples, como parafusos.

Porém, a inserção de todos esses dados necessários à produção em um modelo BIM para construção tornaria esse modelo muito pesado e de difícil manuseio. Por isso, mesmo que esses projetos existam e sejam desenvolvidos com ferramentas BIM, ou compatíveis com BIM, não se recomenda que sejam desenvolvidos diretamente sobre o modelo BIM de autoria das disciplinas, mas sim sincronizados por meio de filtros adequados e em momentos predefinidos. Após o término desses projetos, provavelmente será necessário a atualização do modelo de construção, para que possa ser usado no acompanhamento da obra, para o registro como *as built* e, posteriormente, para uso no gerenciamento da instalação (FM).

PLANO DE EXECUÇÃO BIM (BEP)

Um bom planejamento é essencial para o sucesso de qualquer empreendimento e, no caso de processos BIM, este é um ponto ainda mais relevante, pois se trata de uma inovação tecnológica, e, por isso, os processos devem ser cuidadosamente avaliados e definidos. Mesmo que a organização já tenha desenvolvido algum empreendimento com uso de BIM, é necessário um prazo longo para a efetiva consolidação de processos internos e dos relacionados a parceiros externos.

Desse modo, o plano de execução do empreendimento deve estar alinhado com as estratégias da organização e seus recursos humanos, técnicos e financeiros. A equipe alocada deve estar capacitada para todas as atividades pretendidas, com procedimentos definidos, recursos técnicos de *software* e *hardware* compatíveis com os requisitos.

Para consolidar o planejamento do empreendimento deve ser desenvolvido o Plano de Execução BIM (BEP), que resume os objetivos, as responsabilidades e os produtos ao longo de todo o processo e deve fazer parte da documentação contratual das partes envolvidas.

O Plano de Execução BIM (BEP) é o documento que define a participação e a responsabilidade de cada participante ao longo do empreendimento. A norma ISO 19650-1, *Organization of information about constructions works – Information management using building information modelling*, apresenta os conceitos e princípios que devem orientar o gerenciamento da informação ao longo de todo o empreendimento e, em particular, as diretrizes para a elaboração do Plano de Execução BIM. Além disso, existem diversos modelos de planos, como o da Penn State University (disponível em http://bim.psu.edu/), o da Força Aérea Americana (disponível em https://cadbim.usace.army.mil) e do RIBA, Instituto de Arquitetos do Reino Unido, que oferece um sistema *on-line* para a o desenvolvimento do plano (disponível em https://www.ribaplanofwork.com/Toolbox.aspx). Outra opção, um pouco mais simples, é a desenvolvida na Nova Zelândia, parte do New Zeland BIM Handbook (disponível em www.biminnz.co.nz/nz-bim-handbook, em seu Apêndice E).

Os dois primeiros foram desenvolvidos tendo em vista necessidades específicas, por isso contêm requisitos que talvez não sejam necessários nos casos no Brasil. O modelo de plano disponibilizado pela Agência Brasileira de Desenvolvimento Industrial (ABDI) baseou-se no modelo RIBA, com algumas adaptações.

Na verdade, este tipo de documento sempre deve ser adaptado à tipologia do projeto; porém, em uma mesma organização e para um mesmo tipo (p. ex., residencial multifamiliar) ele terá poucas alterações entre um empreendimento e outro, o que permite alguma padronização.

Outro aspecto que afeta a definição do BEP é a organização jurídica administrativa do empreendimento, em particular o modelo de contratação da obra.

Um ponto importante é que o BEP é desenvolvido em pelo menos duas fases, a anterior à contratação e construção e outra após a definição do responsável pela execução da obra. Basicamente, na primeira, o cliente ou empreendedor define suas expectativas tanto de resultados como de necessidades de informação. Na segunda fase serão detalhados os entregáveis e seus responsáveis. A ISO 19650 tem requisitos específicos, como veremos no Capítulo 8.

Como o modelo de contratação vai definir a forma e o momento de participação de cada membro da equipe do empreendimento, isso se reflete também no próprio conteúdo do plano. No modelo mais comum no Brasil, em primeiro lugar existe uma contratação de projeto, seja completo ou, mais frequente, apenas o projeto básico. A contratação da obra e o desenvolvimento do projeto executivo ocorre numa segunda etapa. Conforme as variantes de contratação e os objetivos do empreendimento, o BEP pode ter até cinco fases:

- Fase 1: inclui a definição do programa detalhado (*briefing*), requisitos do empreendimento e do projeto pelo cliente.
- Fase 2: desenvolvimento do projeto (concepção, subdividida em etapas).
- Fase 3: desenvolvimento do projeto executivo.
- Fase 4: desenvolvimento da obra.
- Fase 5: comissionamento e operação da instalação.

Na passagem de uma fase para a outra devem ocorrer revisão e complementação do BEP, de modo que ele possa ser anexado aos contratos de cada participante da nova fase, como um complemento da descrição de escopo de serviços.

O conteúdo do plano completo deve incluir, na primeira fase:

- Definição das metas e seus requisitos gerais e os usos BIM previstos ao longo do ciclo de vida do empreendimento.
- Definição das especialidades e suas responsabilidades nas entregas e demais tarefas no processo de projeto. Isso será progressivamente complementado a cada transição de fase.
- Definição do processo de comunicação e colaboração, bem como de que sistemas serão utilizados e a responsabilidade por sua operação.

Outros itens que podem ser considerados são exigências de infraestrutura tecnológica para o desenvolvimento dos trabalhos e requisitos de qualificação das equipes, nesse caso derivados dos usos de BIM previstos. Nelas devem ser considerados não só os equipamentos diretamente necessários, como computadores, componentes das redes internas e capacidade de conexões da rede externa, chamando a atenção para a importância de analisar a coerência entre a infraestrutura física e as necessidades dos aplicativos e a capacitação de pessoal para operá-los. Essa avaliação da qualificação deve ser estendida a todos os parceiros.

Para orientar a elaboração BEP apresentamos a seguir os seus títulos principais e respectivo conteúdo sugerido, o qual deve ser adaptado a cada caso de empreendimento. Consideramos apenas duas fases, a de início e a de desenvolvimento do projeto, pois esta é uma situação mais frequente em empresas de construção. Mas os itens aqui descritos deverão estar presentes em outros arranjos.

O conteúdo do BEP pode ter outros formatos, sem as limitações de formato de um livro, por exemplo a montagem de uma planilha pode incluir em um só documento informações de todos estes itens de modo mais fácil, sem repetição de informações entre eles. Alguns dados deverão ser exportados para outros sistemas, como os de comunicação, e a planilha também vai facilitar esse processo.

BEP – fase inicial

Informações gerais do empreendimento

Contém os dados elementares do empreendimento:

- Nome do empreendimento.
- **Proprietário** e nome de representante legal, se for o caso.
- **Endereço** e, sempre que possível, as coordenadas georreferenciadas.
- **Descritivo resumido**, com porte, atividades a serem abrigadas, porte estimado, fluxo de pessoas e outros dados gerais que possam orientar o desenvolvimento do projeto.
- **Tipo de contratação** para a execução da obra e dos projetos. Definir se é um processo semi-integrado (*design and build* – DB – ou projeto e construção, ou sua variante regida pelo RDC, no caso do Brasil) ou se seguirá o processo tradicional (*design-bid-build* (DBB)/ projeto-licitação-contratação). Outras possibilidades são a "gestão da construção por administração" (com variantes de risco para a gerenciadora) e a produção integrada do empreendimento (IPD – *integrated project delivery*), a mais aderente aos processos BIM.
- **Data de início do empreendimento**: corresponde à data da primeira atividade formalmente associada ao empreendimento.
- Data esperada para início dos serviços de construção.
- Data esperada para comissionamento da construção.

Definição dos requisitos gerais do empreendimento

Constitui uma peça-chave para o desenvolvimento dos projetos, pois especifica os limites orçamentários, as diretrizes de integração urbana, os requisitos funcionais para a operação e todos os aspectos que o cliente/proprietário deseja que sejam atendidos pela futura edificação. Deve incluir o programa arquitetônico da edificação assim como os principais aspectos financeiros e técnicos, e nos casos em que a elaboração do programa exige conhecimento específico, como é comum em instalações de saúde ou outras edificações altamente especializadas, esse item deve ser executado antes dos demais. Pode se estender a diretrizes para seleção de técnicas construtivas, por exemplo no caso de obras em locais isolados e todo tipo de requisito ou orientação que possa impactar o desenvolvimento da solução do projeto. Destacam-se também as exigências do usuário vinculadas da ABNT NBR 15575 *Edificações Habitacionais – Desempenho*, em particular o nível de desempenho esperado e o tempo de vida útil desejado.

Os requisitos serão a base para definir o escopo de todos os projetos e demais contratos e, caso ocorra alteração em algum deles, será necessário reavaliar as condições de contratação.

A lista de requisitos deve ser a mais detalhada possível, podendo incluir os seguintes itens, mas sendo o primeiro obrigatório em todos os casos:

- Programa básico de arquitetura: compartimentação, rede relacional, fluxos, setorização, estimativa de áreas.
- Padrão de desempenho almejado segundo a NBR 15595.
- Certificações aplicáveis (LEED, AQUA, PROCEL, acústica etc.).
- Critérios para cálculo e ofertas de vagas, diferenciados das exigências legais.
- Critérios para cálculo de reservação de água potável.
- Sistemas de reúso de água e sua destinação de uso.
- Sistemas de reúso de água cinza e sua destinação de uso.
- Matriz energética desejada, possível uso de energia solar ou eólica e sistemas de cogeração ou autogeração de energia.
- Definição da tipologia dos sistemas de condicionamento de ar, com critérios de desempenho e de manutenção.
- Tipologia do sistema estrutural.
- Critérios para seleção ou, se for o caso, a definição de tipologia do sistema construtivos (convencional, alvenaria modular, pré-fabricado de concreto, *steel frame*, *drywall* etc.).
- Sistemas de segurança patrimonial.
- Padrões de conforto para áreas públicas.
- Custo e/ou prazo meta para a obra.

Os requisitos devem ser detalhados em relatório específico, e seu atendimento será avaliado como parte da tarefa de aprovação ao final de cada fase, podendo sofrer alterações nessas ocasiões, ajustando-se às condições de contratação caso necessário.

Este documento, o *briefing* do projeto, embora ainda relativamente incomum no Brasil, é a principal referência para a contratação de projetos em alguns países, como EUA e os países da União Europeia.

Como parte da elaboração desse documento, é preciso obter os dados necessários para o desenvolvimento do projeto, como: dados de terreno (topografia, cadastro legal), dados de tráfego de veículos e pessoas, serviços públicos (abastecimento, saneamento, transporte), fotos, plantas preexistentes, dados climatológicos etc. Essa atividade, ou partes dela, pode se constituir em um item de contrato ou ser realizada previamente pelo contratante.

Requisitos dos compartimentos ou espaços

No caso de edificações complexas, como as na área de saúde ou algumas indústrias, e mesmo para alguns trechos de edifícios comerciais ou residenciais, é conveniente listar os requisitos dos espaços previstos no programa da edificação. Isso pode incluir necessidades específicas descritas a seguir.

- Ventilação condicionamento do ar, como temperatura, umidade, taxas de troca de ar, nível de pressão relativa etc.
- Níveis de iluminamento artificial e natural.
- Fornecimento de águas especiais (p. ex., purificada) e gases, como ar comprimido, oxigênio, vácuo.
- Relações de proximidade entre compartimentos ou zonas da edificação.
- Acabamentos especiais de paredes, pisos ou tetos/forros, incluindo resistência ao tráfego, necessidades de limpeza ou desinfecção coeficiente de atrito (resistência ao escorregamento) etc.
- Equipamentos previstos e suas necessidades de energia (inclusive se por meio de *no-breaks*), gases, água ou outros fluidos e a carga térmica resultante.

Para uma lista extensa dos espaços previstos é conveniente consultar a Tabela 4A – Espaços por função – da ABNT NBR 15965. É conveniente elaborar uma planilha descritiva, ou organizar essas informações em um banco de dados, com a terminologia normalizada e as necessidades de cada compartimento, como ilustrado na **Tabela 5.1**.

Tabela 5.1   Exemplo de especificações de requisitos de espaços ou compartimentos

Compartimento ou zona	Requisitos				Equipamento	Acabamentos		
	Vent/AC	Ilumin.	Gases	Águas		Piso	Parede	Teto
	Trocas de ar, temperatura e umidade, qualidade do ar	Nível de iluminamento	Se precisa de ar comprimido, vácuo etc.	Pontos de água comum, destilada ou purificada		Lavável, resistente ao desgaste	Lavável	Absorção acústica

É comum que existam diversos equipamentos em um mesmo compartimento, cada um com suas exigências, mas nesse primeiro momento esses dados não são relevantes, apenas a necessidade de algum equipamento específico deve ser descrita. Por exemplo, uma fábrica ou laboratório pode ter salas dedicadas a abrigar apenas uma máquina, ou uma circulação deve prever uma esteira rolante etc.

O respeito a uma nomenclatura padronizada e às unidades previstas na ABNT NBR 15965, compatíveis com o esquema IFC, facilita a aplicação de regras para verificação automática do atendimento a esses requisitos, nas fases posteriores do projeto.

Na primeira fase do BEP é provável que esta lista não seja factível de ser elaborada ou seja restrita a alguns espaços ou zonas de usos. Mas, ao final do projeto básico, ela deve estar completa.

Cronograma estimado do empreendimento

Deve descrever as fases previstas, com datas de início e término, como ilustra a **Tabela 5.2**.

Tabela 5.2   Cronograma resumido

Fase	Início estimado	Término estimado
Incepção (definição de metas, recursos e prazos)		
Projeto conceitual		
Estudo de viabilidade físico-financeira		
Projeto preliminar		
Projeto básico		
Projeto executivo (eventualmente subdividido em etapas)		
Projetos para produção		
Projetos para fabricação		
Construção (eventualmente subdividida em fases)		
Entrega e comissionamento		
Operação (eventualmente subdividida em operação assistida e operação)		

O cronograma detalhado para o desenvolvimento do projeto deve ser desenvolvido após a definição de todos os participantes críticos e será aprofundado no Capítulo 6.

Metas do empreendimento

Consiste na descrição das expectativas e metas, bem como a sua definição de prioridade, se alta (A), média (M) ou baixa (M). Metas sempre devem ser mensuráveis, associadas a um indicador que permita avaliar seu atendimento. É conveniente ainda descrever os usos BIM associados ou necessários para atingir a meta, como mostra a **Tabela 5.3**.

Tabela 5.3 Exemplo de quadro de metas

Meta (descritivo)	Indicador	Prioridade	Usos BIM
		A, B ou M	

Metas do empreendimento não devem ser confundidas com prazos de etapas, pois estes são definidos no cronograma. Elas devem ser derivadas de aspectos de desempenho do empreendimento e de seus serviços, como produtividade, qualidade, segurança, impacto ambiental e vizinhança, assim como valores históricos ou artísticos, entre outras qualidades. Estes últimos casos às vezes podem ser difíceis de quantificar, mas para eles é possível uma avaliação indireta, por exemplo, pela mensuração de citações na mídia ou redes sociais.

Os indicadores podem ser absolutos, como produtividade geral da edificação ou horas técnicas por metro quadrado ou relativos, como a redução de consumo de energia em 30% ou redução de perdas na obra, sempre aplicadas sobre um dado histórico.

Responsáveis críticos

Deve listar os responsáveis por cada função, disciplina e/ou contrato no contexto, indicando nome e dados de contato. É interessante considerar uma lista padrão extensa e, a cada empreendimento, confirmar a sua necessidade. Caso haja previsão no BEP de o projeto ter várias fases é importante definir quando se dará o início de cada uma e as disciplinas que delas devem participar. A **Tabela 5.4** exemplifica esse quadro.

Tabela 5.4 Exemplo de quadro de responsáveis críticos

Função	Disciplina	Empresa	Nome do contato	Dados do contato (telefones, *e-mail* etc.)
Representante do proprietário	N.A.			
Coordenador do projeto	N.A.			
Gerente BIM	N.A.			
Projetista de arquitetura	Arquitetura			
Projetista de estrutura	Eng. estrutural			
Projetista de instalações prediais	Eng. de instalações			
Projetista de instalações mecânicas	Eng. mecânica			
Gerente de obra	Eng. civil			

A título de referência, podem ser previstos também os seguintes especialistas:

- Arqueologista.
- Arquiteto de interiores.
- Arquiteto de luminotécnica.
- Arquiteto paisagista.
- Cliente empreendedor.
- Cliente final.
- Construtor.
- Consultor análise desempenho.
- Consultor BIM para desenvolvimento BIM de projetos 2D.
- Consultor de acessibilidade.
- Consultor de acústica.
- Consultor de desempenho energético.
- Consultor de desempenho térmico.
- Consultor de incorporação.
- Consultor financeiro.
- Consultor ou projetista de comunicação visual.
- Engenheiro geotécnico.
- Consultor ou projetista de impermeabilização.
- Consultoria ou projetista de esquadrias.
- Consultoria de gerenciamento de *facilities* (*FM*).
- Consultoria de selo sustentável.
- Consultoria ou projetista de impermeabilização.
- Consultoria ou projetista de incêndio.
- Consultoria ou projetista de pavimentação e vias.
- Consultoria ou projetista de segurança.
- Consultoria ou projetista de vedação.
- Gerenciador do empreendimento.
- Gerente de contratos.
- Gerente de informações.
- Gerente operacional.
- Orçamentista.
- Planejamento e controle.
- Projetista 2D.
- Projetista de segurança de trabalho.
- Responsável BIM *as built*.
- Responsável BIM comissionamento.
- Responsável técnico do cliente.
- Topógrafo.

É normal que nem todas as funções estejam atribuídas no início do empreendimento, mas é importante listar todas as que possivelmente serão necessárias. No processo de projeto BIM, é recomendável que essas decisões sejam tomadas o mais cedo possível, pois o engajamento precoce dos especialistas, em particular aqueles vinculados à produção, é um condicionante para atingir todos os benefícios do processo BIM.

BEP – Fase de desenvolvimento

Requisitos do processo BIM

Para viabilizar a colaboração e a integração de dados entre equipes de diversas disciplinas, é necessário estabelecer de antemão algumas regras, como formatos de arquivos e sistemas a serem utilizados, antes mesmo do início dos trabalhos. A seguir listamos os pontos essenciais, ainda que outros possam ser eventualmente acrescentados.

- **Identificação do projeto:** a forma de referenciar o projeto deve ser a mesma em todos os documentos.
- **Colaboração BIM:** deve ser definido o formato de arquivo a ser entregue para a coordenação do projeto e para as demais etapas, tal como a de *as built*, de modo que todos possam acessar as informações.
- **Outros formatos de arquivos para usos específicos:** definir as entregas de vídeos, modelos 3D para comercialização, modelos para fabricação e outros que possam ser necessários.
- **Definição de ponto de origem e coordenadas georreferenciadas:** é essencial que todos os modelos tenham esses mesmos dados para possibilitar a coordenação e a montagem do arquivo federado.
- **Nomenclatura de arquivos:** o uso de sistemas automatizados para nomear as folhas deve seguir padrões predeterminados, em geral normalizados pela organização.
- **Nomenclatura de edificações e/ou blocos e dos compartimentos:** sistemas automatizados de verificação (*model checker*) dependem de regras e se a nomenclatura for variada eles só vão considerar o padrão definido na regra. Por exemplo, uma "sala" não pode ser denominada "Estar". Recomendamos utilizar como referência a Tabela 4A Espaços, por função, da ABNT NBR 15965 – Sistema de Classificação da Informação.
- **Sistema de comunicação e colaboração a ser utilizado:** deve ser definido um mesmo sistema ou aplicativo para a comunicação entre os participantes, preferencialmente no padrão BCF. É importante definir também como será a atribuição dos custos destes sistemas.
- **Sistema de armazenamento de arquivos:** o uso de sistemas em nuvem para a troca e sincronismo dos arquivos, tanto de modelos como folhas gráficas e outros documentos

eletrônicos, é outro ponto crítico, sendo preciso definir quem o custeia e quem o administra, não sendo necessariamente a mesma organização.

- **Unidades do projeto:** definir todas as unidades de medida de comprimento (metros ou centímetros), área, volume, inclinação, ângulos, declividade, energia etc.
- **Planos de referência e particionamento dos arquivos:** modelos BIM raramente são únicos, em geral o arquivo de arquitetura de um prédio alto será subdivido, por exemplo, em arquivos do térreo ou embasamento, tipo e cobertura, ou em seções correspondendo a trechos ou blocos. Isso facilita o trabalho dos projetistas e reduz a demanda de *hardware*, pois nem todas as máquinas vão trabalhar com todo o conjunto. A forma de subdividir os arquivos deve ser estabelecida, ainda que possa variar conforme a disciplina. Projetos de instalações em geral seguem uma lógica de prumadas e ramais, diferentemente da estrutura que costuma trabalhar com blocos e/ou pavimentos. Os planos de referência são importantes para definir a articulação desses arquivos, assim como os planos de níveis horizontais.
- **Definição dos elementos que compõem o modelo de coordenação BIM:** uma vez que este modelo não deve carregar todas as informações do modelo de autoria, é preciso definir que classes de elementos e que outras informações, como a nomenclatura dos compartimentos, por exemplo, devem ser obrigatoriamente incluídas. Vale lembrar que os projetos complementares serão desenvolvidos a partir do modelo de coordenação da arquitetura.
- **Definições de bases CAD 2D:** por questões variadas, algumas disciplinas, como os projetistas de segurança contra incêndio, paisagismo, impermeabilização, podem ter maior dificuldade em implantar o BIM e, por algum tempo, eles deverão trabalhar sobre bases DWG ou RTF extraídas dos modelos BIM, sendo necessário definir qual o conteúdo gráfico deve constar nesses documentos, que não precisam ser ricos em detalhes gráficos. Diversos aplicativos BIM têm dificuldades em exportar arquivos com múltiplos *layers* a partir de modelos BIM compostos por mais de um arquivo.
- **Formato de arquivos das folhas do projeto:** as folhas gráficas ainda serão imprescindíveis no futuro próximo, ainda que apenas para uso externo. Dadas as limitações de diversos aplicativos de projeto, bem como as regras de segurança da informação, *devem ser apenas em PDF*, pois não podem ser facilmente alterados, além de terem uma produção mais rápida e segura.
- **Gabaritos de projeto (*templates*):** o uso desses arquivos facilita não só a execução, mas também o gerenciamento do projeto. Uma construtora pode fornecer um *template* para os projetistas de modo que a informação que ela deseja já esteja conformada em planilhas, famílias de objetos etc. Nesse caso, deve ser estabelecida a obrigatoriedade de uso, sendo necessário fornecer o respectivo manual de uso desses *templates*.
- **Previsão de serviços especiais,** como quantitativos por critérios de medição, animações *walkthrough*, uso de realidade virtual ou imersiva, simulações de processos e de usos.

Matriz de autoria e entregáveis

Um dos pontos importantes no processo BIM é a definição de quem deve entregar a informação de cada elemento do projeto ao longo das diversas fases e em que nível de desenvolvimento (ND) o respectivo elemento deve ser representado.

Isto porque raramente uma organização é a única responsável pelos elementos derivados de uma disciplina, e em cada projeto podemos ter diferentes soluções de organização de informações relativas aos elementos.

Uma lista extensa de elementos é apresentada na Tabela 3E – Elementos da ABNT NBR 15965 – Sistema de Classificação da Informação. Porém, nem todos os itens que a compõem estão em todos os projetos e nem sempre o nível de desenvolvimento será o mesmo entre diferentes projetos. Isso pode variar tanto com a complexidade do empreendimento, como em decorrência de diferentes estratégias de modelagem, associadas, por sua vez, aos usos BIM desejados.

Assim, ao longo da evolução do projeto, os seus elementos componentes serão progressivamente detalhados. Por exemplo, nos estudos preliminares as paredes serão genéricas, mas em etapas mais avançada sua composição será detalhada, podendo até, por exemplo em um projeto para produção, representar cada bloco da alvenaria. Nesse caso, no Estudo Preliminar o responsável pela representação desses elementos será o arquiteto, provavelmente com objetos BIM em ND 200; por outro lado, no projeto para produção o responsável deve ser um projetista especializado, com uso de elementos de alvenaria em ND 350 ou 400.

Quanto às estratégias de modelagem, elas podem definir que alguns elementos sejam representados apenas por dados de texto em uma fase e serem detalhados em ND 400 em projetos de produção, como é comum, por exemplo, nos casos da impermeabilização e de esquadrias. Elementos muito pequenos ou delgados, como rodapés, ferragens, algumas conexões e pinturas, também podem ser objeto apenas de especificações de texto (ND 100) até mesmo nas fases de projeto executivo, pois mesmo assim podem ser quantificadas, desde que adequadamente registrados nos parâmetros de seus objetos hospedeiros.

Mesmo elementos relevantes em um projeto, como os conduítes elétricos, podem ter a opção de não serem representados nos modelos BIM, constando apenas nas folhas do respectivo projeto da disciplina. Isso porque, sendo de dimensões reduzidas e flexíveis, não impactam a coordenação, mas sua modelagem é complexa. Nesse caso, para efeito do modelo BIM eles constarão apenas como informação textual, ND100.

Outro aspecto importante são os elementos de interface entre disciplinas. Por exemplo, cabe ao arquiteto definir os acabamentos de instalações, mas o sistema em si é desenvolvido pelo respectivo engenheiro. Exemplificando, a posição das tomadas é feita pela arquitetura, que as localiza por meio de símbolos e representa, por exemplo, os espelhos de tomada. Nesse caso, teremos um componente BIM de arquitetura, provavelmente composto apenas por informações simbólicas e representação 2D, situado no mesmo ponto em que havia um componente BIM do projeto de instalações. Do mesmo modo, as louças "pertencem" ao modelo de arquitetura, mas normalmente são necessárias para finalizar as tubulações sanitárias. Deve ser estipulado um protocolo de modo a evitar a existência de dois vasos sanitários no mesmo lugar, o que pode resultar em quantitativos errados.

Finalmente, temos ainda os casos de elementos de projetos executados ainda em CAD, mas que precisam ser modelados para serem considerados no planejamento e nos levantamentos de quantitativos. Nesses casos, será necessário que um outro projetista, como o de instalações prediais no caso do projeto de segurança contra incêndio ser em CAD, incorpore os elementos desse projeto em um modelo BIM. Trata-se de um trabalho extra, que deve ser definido e remunerado à parte.

Dessa forma, a matriz deve descrever, seja em forma de planilha Excel, seja em tabela de texto ou banco de dados, os dados conforme a **Tabela 5.5**.

Tabela 5.5 Matriz de autoria e entregáveis

| Elemento | Etapa do projeto | | | | Observações |
| | Etapa "A" | | Etapa "B" | | |
	Resp.	ND	Resp.	ND	
Paredes	ARQ	200	ACX	400	
Rodapés	ARQ	100	ARQ	300	

Nem sempre todas essas definições existem no início dos trabalhos, admitindo-se que parte deles ocorra mais tarde. Um aspecto interessante é que para uma mesma organização contratante e para um mesmo tipo de empreendimento essa matriz tende a ser estável, sendo pouco alterada em caso de novos projetos. Por exemplo, uma empresa de construção imobiliária pode ter um gabarito da matriz válido para projetos residenciais multifamiliar e outro, um pouco diferente, para projetos de prédios corporativos. Desse modo, evita-se retrabalho a cada novo projeto e, mais importante, a experiência se acumula e o gabarito será cada vez melhor.

Recomendamos que essa matriz esteja no formato Excel, pois permite vínculos entre diversas planilhas, o que facilita o preenchimento e evita a redigitação de dados.

Competências BIM requeridas

Uma vez definidos os usos BIM, é preciso estabelecer os seus responsáveis e as competências necessárias, avaliando também o valor potencial agregado para o empreendimento, se alto, médio ou baixo. Competências são definidas a partir de uma ação, daí serem usualmente baseadas em um verbo, como ilustra a **Tabela 5.6**.

Tabela 5.6 Quadro de usos BIM e competências requeridas

Uso BIM	Valor para o projeto	Responsável	Competências requeridas
	Alto, médio ou baixo		(Utilizar as referências)

As competências requeridas foram estudadas e esquematizadas por Succar,[4] que as agrupou por categorias, mas julgamos que elas podem ser mais bem entendidas se agrupadas conforme suas finalidades. Definições mais simplificadas, mas coerentes com o caso em estudo, também podem ser mais convenientes nos casos de organizações menores e voltadas a tipologias de projetos mais simples.

Conforme as finalidades, as competências podem ser agrupadas naquelas necessárias para as atividades–fins para o empreendimento ou projeto e nas necessárias para as atividades–meio ou de apoio, como descrito a seguir (**Tabelas 5.7** a **5.13**).

Competências para atividades–fins do empreendimento ou projeto

Tabela 5.7 Competências para atividades de concepção

Ref.	Competência	Descrição
A1	Funcionais básicas	Identificar os requisitos básicos e os entregáveis principais esperados das ferramentas e processos BIM
A2	Modelagem em geral	Operar aplicativos para desenvolver entregáveis em modelos para indústria, sistemas de informação e áreas de conhecimento, conformes com os requisitos do projeto
A3	Captura e representação física	Operar aplicativos e equipamentos especializados para a captura e representação física de espaços e ambientes
A4	Planejamento e concepção	Operar aplicativos para a conceituação, planejamento e concepção
A5	Quantificação*	Operar aplicativos para desenvolver levantamentos quantitativos e estimativas baseadas em modelos
A6	Construção e fabricação	Utilizar modelos BIM para propósitos específicos de construção e fabricação
A7	Modelagem personalizada	Operar aplicativos para desenvolver um conjunto de entregáveis em modelos adequados aos usos BIM previstos
A8	Documentação	Desenvolver peças gráficas e documentos utilizando processos e detalhes padronizados
A9	Apresentações e animações	Produzir apresentações e animações 3D com uso de aplicativos especializados

Fonte: adaptada de Succar, *op. cit*.
* Succar considerou a simulação e a quantificação como um único tópico de competência; porém, julgamos mais adequado individualizar cada uma.

---

[4] Ver http://bimexcellence.org/resources/200series/201in/. Acesso em: 10 out. 2017. Disponível pelo licenciamento tipo B1, livre. (Ver http://bimexcellence.com/licensing/.)

Tabela 5.8 Competências para atividades de coordenação e comunicação

Ref.		Competência	Descrição
B1		Análise funcional de modelos	Operar aplicativos de verificação de conflitos e qualidade de modelos para identificar problemas e oportunidades de melhoria na solução construtiva
B2		Vinculação de dados	Vincular modelos BIM e seus componentes a outras bases de dados
B3		Gestão de documentos	Utilizar sistemas de gestão de documentos (GED) ou similares para armazenar, gerenciar e compartilhar arquivos e modelos BIM
B4		Simulação*	Operar aplicativos para desenvolver simulações funcionais baseadas em modelos
B5		Planejamento da execução do projeto BIM	Desenvolver o Plano de Execução BIM, com definição de entregáveis e seus responsáveis

Fonte: adaptada de Succar, *op. cit.*
* Succar considerou a simulação e a quantificação como um único tópico de competência; porém, julgamos mais adequado individualizar cada uma.

Tabela 5.9 Competências para atividades de operação e manutenção BIM

Ref.	Competência	Descrição
C1	Operação e manutenção	Utilizar modelos para operar, gerenciar e efetuar a manutenção de edificações
C2	Monitoramento e controle	Utilizar modelos para monitorar ou controlar o desempenho de uma edificação ou seus equipamentos, sistemas e espaços

Fonte: adaptada de Succar, *op. cit.*

Competências em atividades–meio

Tabela 5.10 Competências para gestão da equipe e do empreendimento ou projeto

Ref.	Competência	Descrição
D1	De gerenciamento geral	Definir e comunicar as metas gerenciais para a adoção de novos sistemas e fluxos de trabalho
D2	Liderança	Liderar e orientar a equipe na implementação de novos sistemas e fluxos de trabalho
D3	Planejamento estratégico	Definir os objetivos estratégicos e desenvolver suas estratégias de implantação
D4	Gerenciamento organizacional	Identificar as mudanças organizacionais necessárias para fomentar, monitorar e melhorar a adoção do BIM
D5	Gestão do negócio e de cliente	Maximizar o valor agregado obtido pelas ferramentas e fluxos de processo BIM pela organização e seus clientes
D6	De parcerias e alianças	Iniciar parcerias e alianças com outras organizações baseadas nos entregáveis e fluxos de processo BIM

(continua)

Tabela 5.10   Competências para gestão da equipe e do empreendimento ou projeto (*Continuação*)

Ref.	Competência	Descrição
D7	Colaboração	Preparar a documentação necessária para permitir a colaboração baseada em modelo entre os participantes do projeto
D8	Facilitação	Facilitar o processo de colaboração BIM entre os participantes do projeto
D9	Gerenciamento do projeto	Monitorar projetos nos quais processos BIM são utilizados e foram especificados entregáveis BIM e atuar quando as metas e especificações não forem atingidas
D10	Gerenciamento de equipe e dos fluxos de processos	Monitorar equipes envolvidas com a entrega de projetos BIM de modo a garantir as metas de produtividade e qualidade dos serviços

Fonte: adaptada de Succar, *op. cit.*

Tabela 5.11   Competências para a gestão da organização

Ref.	Competência	Descrição
E1	Administração, políticas e procedimentos	Desenvolver iniciativas gerenciais em políticas e procedimentos para facilitar a adoção de ferramentas e fluxos de processo BIM
E2	Financeiras, contábeis e de orçamentação	Planejar, alocar e monitorar os custos associados com a adoção do BIM
E3	Gerenciamento do desempenho	Avaliar a capacidade e maturidade BIM da organização, as competências individuais e o desempenho do projeto com uso de métrica padronizada
E4	Gerenciamento de recursos humanos	Planejar, desenvolver e gerenciar os recursos humanos de modo a alinhar as competências às metas BIM da organização
E5	Marketing	Promover a capacitação BIM da organização junto a seus clientes e parceiros de negócios
E6	Contratação e seleção	Desenvolver as especificações e documentos necessários para pré-qualificar, recomendar ou selecionar produtos e serviços BIM
E7	Gerenciamento de contrato	Administrar a documentação contratual basilar em projetos colaborativos BIM e seus fluxos de processo
E8	Gerenciamento de risco	Gerenciar os riscos associados ao uso de ferramentas BIM e nos fluxos de processos colaborativos
E9	Gerenciamento da qualidade	Estabelecer, gerenciar e controlar a qualidade dos modelos, documentação e demais entregáveis do projeto

Fonte: adaptada de Succar, *op. cit.*

Tabela 5.12   Competências para na área de infraestrutura técnica

Ref.	Competência	Descrição
F1	Tecnologia de informação	Especificar, instalar, gerenciar e manter a infraestrutura de TI
F2	Sistemas de *software*	Selecionar, implantar e manter sistemas de *software* em ambientes multiusuários
F3	Equipamento e *hardware*	Especificar, recomendar ou adquirir computadores e outros equipamentos de *hardware*
F4	Suporte de TI	Solucionar problemas de *software*, com suporte para solução de problemas técnicos
F5	Suporte de rede	Gerenciar e manter os sistemas de arquivos de dados, documentos e modelos
F6	Suporte de *software* BIM	Solucionar problemas dos aplicativos BIM, com suporte para solução de problemas relacionados
F7	Suporte de *hardware*	Solucionar problemas de *hardware*, com suporte para solução de problemas técnicos
F8	Desenvolvimento de *software* e sistemas *web*	Desenvolver extensões para aplicativos BIM, de produtividade ou portais *web* para a melhoria dos entregáveis BIM

Fonte: adaptada de Succar, *op. cit.*

Tabela 5.13   Competências para a implementação e manutenção de processos BIM

Ref.	Competência	Descrição
G1	Fundamentos de implementação	Identificar e gerenciar questões associadas à implementação BIM
G2	Padronização de desenvolvimento de componentes	Implementar uma abordagem estruturada para o desenvolvimento ou personalização de componentes de modelos com uso de padrões de modelagem
G3	Gerenciamento de bibliotecas	Desenvolver ou gerenciar componentes de bibliotecas conforme requerido para a aplicação padronizada em projetos BIM
G4	Padronização e gabaritos (*templates*)	Desenvolver gabaritos padronizados, listas de itens e fluxogramas de processos para a iniciação, verificação e entrega de projetos BIM

Fonte: adaptada de Succar, *op. cit.*

Capítulo 6

Gerenciamento do Projeto BIM

> *Atendimento à qualidade no processo de projeto e no resultado do projeto – atendimento aos requisitos do empreendimento. Controles de custos do empreendimento e do projeto.*

CONTROLE DE QUALIDADE DO MODELO

Os diversos modelos BIM que constituem o projeto devem ser objeto de procedimentos de controle de qualidade, de modo rotineiro, tanto pelos seus autores como pelos que os recebem, em particular, a coordenação do projeto.

Para os autores, essas verificações garantem a qualidade de seus próprios serviços e sua imagem perante o mercado. Cabe aos responsáveis por cada disciplina efetuar não só o controle da exatidão de suas propostas, mas também a verificação se o modelo atende aos requisitos do projeto e aos do processo de projeto, ambos definidos no BEP.

Com o uso de aplicativos de verificação de modelos (*model checker*) é possível verificar se existe algum conflito entre elementos, seja na mesma disciplina ou entre disciplinas, com uso de uma cópia do modelo federado, às vezes apenas parcial. Existem aplicativos *stand alone* ou para uso em rede local, como o Solibri Office® e o Navisworks®, Trimble Connect®, BIM Collab ZOOM PRO, usBIM da ACCA, ou acessados por navegadores *web*, como uma versão do usBIM da ACCA. Existem ainda sistemas que integram a definição de requisitos de projeto à sua verificação posterior, como o dROFUS e o Codebook, ainda pouco conhecidos no Brasil, e que, além disso, têm recursos adicionais poderosos que auxiliam no desenvolvimento do projeto na direção correta.

A opção por um ou outro desses sistemas depende da complexidade do projeto, do tamanho da equipe e sua capacitação. Em geral, as opções gratuitas, como o Trimble Connect®, são mais limitadas, sem a funcionalidade de comunicação síncrona, mas podem ser suficientes em pequenos projetos com poucos participantes, em que a questão da colaboração em tempo real costuma ser menos importante que a garantia de compatibilidade entre disciplinas, na medida em que numa equipe reduzida costuma haver uma comunicação mais fluida.

Embora seja comum falar de conflitos entre disciplinas, na verdade, no uso rotineiro, muitas vezes o projetista produz conflitos entre elementos que ele mesmo, ou seus colegas de disciplina, inseriram no modelo. Na prática, se não houver exigência de controle anterior à entrega dos modelos para a coordenação, a imensa maioria de conflitos será dessa natureza, atrasando sobremaneira os trabalhos.

Uma regra de ouro na coordenação de projeto é exigir que cada disciplina efetue suas próprias verificações antes de enviar seus modelos. Desse modo, evita-se que paredes conflitem com lajes ou outras paredes ou mesmo com elementos como gradis etc., uma situação bastante comum, ainda que essas sobreposições costumem ser muito pequenas e passarem visualmente despercebidas pelo projetista.

Além de conflitos físicos ou espaciais "internos", cabe ao projetista verificar se o modelo atendeu a todos os requisitos do empreendimento que se refletem na sua disciplina. Por exemplo, se cumpre as diretrizes de acessibilidade, se os espaços de montagem e manutenção de cada equipamento foram devidamente considerados, enfim, todos os requisitos de projeto que tiverem sido claramente definidos no BEP, acrescidos dos derivados do "uso corrente" e boas práticas ou normas e textos legais. Isso pode ser feito de modo automatizado com uso de um *Model Checker* mais completo, como o Solibri®; porém, dependendo do tipo de requisitos, também é possível verificar por meio de planilhas no próprio *software* de autoria ou planilhas Excel vinculadas às planilhas internas. É o caso, por exemplo, da verificação do dimensionamento de esquadrias em face dos requisitos legais, em que esse sistema de planilha externa permite identificar rapidamente os compartimentos nos quais a comparação entre a área da esquadria e as dimensões do compartimento não atendem ao mínimo legal.

Um ponto recorrente para esses sistemas é a necessidade de respeitar uma nomenclatura padronizada, tanto no modelo e seus componentes, inclusive compartimentos, como nas regras que serão ou já estão definidas no aplicativo de verificação. Se houver incompatibilidade, a verificação será falha. Por exemplo, se nas regras está definido "sala" como um tipo de compartimento, caso seja lançado o nome "sala de estar" este compartimento não será verificado. Em um CAD, lançar "circulação" ou "corredor" não fará diferença, mas em um processo BIM são objetos diferentes. Isso vale também para elementos e componentes do projeto, como rampas, corrimãos, peitoris etc., que também podem ser objeto de verificação de alturas, inclinações e outra exigências. Daí a importância de utilizar uma referência padronizada, como a da ABNT NBR 15965, preferencialmente implantada em uma base de dados que possa ser acessada pelos diversos aplicativos. Porém, ainda não é possível uma verificação de todos os requisitos legais, pois os códigos de edificações muitas vezes são confusos e em parte subjetivos. Mas o que puder ser feito de modo automático reduzirá os erros, os prazos e o consumo de horas de trabalho, e já se consegue um alto percentual de itens com verificação automática ou semiautomática, por planilhas. Desenvolver conjuntos de regras para esses aplicativos ou gabaritos de projeto que contenham essas planilhas de verificação são um investimento muito vantajoso para as organizações de projeto, seja um escritório, que vai ter menor carga de trabalho e mais qualidade, seja uma construtora, por garantir o atendimento de seus requisitos e os parâmetros legais no recebimento de projetos contratados a terceiros.

CRONOGRAMA NO PROCESSO DE PROJETO BIM: MARCOS E ENTREGÁVEIS DO PROJETO

Vimos que o processo de projeto BIM é sensivelmente diferente do processo CAD, o que resulta em uma curva de absorção de recursos e marcos de projeto e seus respectivos entregáveis específicos. Consequentemente, esses fatores vão se refletir no cronograma do projeto.

Uma imagem sempre lembrada é a famosa curva de MacLeamy (**Figura 6.1**), que ilustra as vantagens de antecipar os esforços nos projetos. Usada para comparar a aplicação de esforço nos projetos CAD e BIM, essa curva facilita o entendimento das vantagens do BIM e demonstra que no início do projeto BIM teremos uma demanda de homens-hora maior em relação ao projeto CAD, mas que o volume total de horas, representado pela área sob as curvas, é menor no processo BIM.

Uma das primeiras consequências disso é que a demanda diferenciada de recursos deve implicar remuneração diferenciada para as etapas iniciais e, consequentemente, maiores prazos para essas etapas, o que deve ser compensado com redução de prazos para as entregas mais adiante. Do ponto de vista do contratante do projeto, isso se justifica pelo maior valor agregado nos entregáveis no processo BIM, seja pela maior acurácia de projeto, seja pela redução de riscos obtida.

Assim, comparativamente com um cronograma de projeto CAD, as primeiras diferenças no processo BIM são o aumento de prazos e os recursos aplicados nas etapas até o projeto básico e a partir daí uma redução relativa durante o projeto executivo. Isso é válido caso a equipe de projeto seja experiente em processo BIM; caso contrário, ela terá que acrescentar uma curva de aprendizagem que, nos primeiros projetos, tende a igualar, ou até mesmo superar, o consumo de recursos.

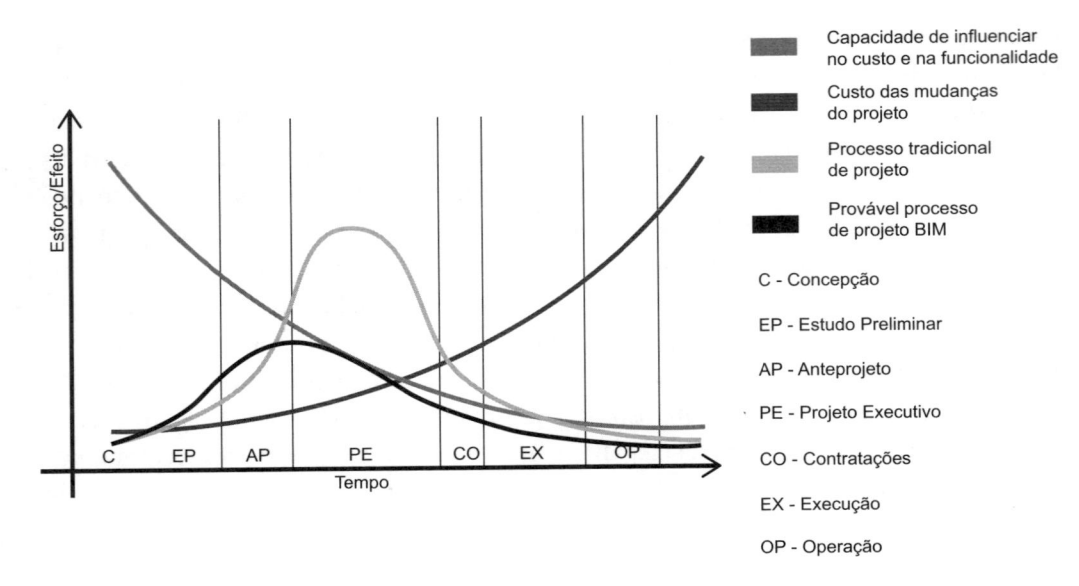

Figura 6.1 Curva de MacLeamy.
Adaptada de: *MacLeamy.buildingSMART Alliance™ National Conference*; 2007.
Disponível em: https://portal.nibs.org/files/wl/?id=WFFnyLza5hev0f40JFOT2xXWy40lB5xm.
Acesso em: 3 mar. 2018.

As bases de dados de consumo de horas por projeto são "segredos comerciais" de cada organização e muito raramente são compartilhadas. No caso de processo BIM, ainda existe uma dificuldade adicional, pois são poucas as empresas no Brasil que dispõem de equipes com experiência em diversos projetos. A montagem dessas bases exige prazo longo, com a execução de diversos projetos com algum grau de semelhança para a obtenção de índices confiáveis; porém, atividade fundamental para a competitividade da empresa.

Também é preciso demonstrar as vantagens e onde elas se materializam, e isso pode ser feito na discriminação correta dos produtos em cada fase. Em vez de simplesmente definir "entrega do projeto básico" é conveniente detalhar seus componentes, como descrito no capítulo anterior. E, no caso do processo BIM, o "produto" mais importante nas fases iniciais sem dúvida é o modelo. Em dois projetos que gerenciamos recentemente verificamos um dado curioso: os PDFs gerados nos estudos preliminares e no projeto básico, entregas exigidas contratualmente, não tiveram *downloads*, com exceção dos documentos gráficos do projeto legal, necessários para o processo de licenciamento municipal. A demanda por documentos gráficos impressos só se concretizou no momento da licitação da obra e nas fases posteriores. Como nesses dois casos todos os participantes tiveram acesso aos modelos durante todo o desenvolvimento, houve grande confiança nas informações neles contidas e ninguém se interessou por efetuar o *download* das folhas dessas etapas.

Outro ponto importante a considerar é a correta organização do ambiente de trabalho no BIM, com o uso de gabaritos de projeto (*templates* ou de "favoritos"). Conforme mostrado na seção Ambiente de trabalho BIM: favoritos e gabaritos do Capítulo 4, essa prática pode reduzir significativamente os recursos aplicados no projeto. O desenvolvimento do *template* é uma atividade que deve ser considerada de modo separado do projeto, pois ele será reaproveitado mais adiante, ainda que a atividade de lançar os dados específicos do projeto no *template* seja sempre necessária.

Teremos, então, o primeiro produto específico do processo BIM, o *template* organizado e preenchido com os dados iniciais do projeto, não apenas as coordenadas, planos e níveis de referência, mas também sistema de classificação e as famílias ou listas de componentes BIM a serem utilizados etc. Esses dados devem constar do *template* básico do projeto, mas o *template* de cada disciplina não deve ser objeto de entrega, exceto se houver expressa determinação em contrato, pois ele é propriedade intelectual do autor. Porém, como marco de projeto é um passo importante, pode ser demonstrado em reunião ou por entrega de folhas gráficas que demonstrem seu conteúdo.

Outro aspecto particular do processo BIM é que o sequenciamento das fases não segue, obrigatoriamente, a finalização da documentação. O que caracteriza a consolidação do nível de confiança é a validação do Modelo BIM Federado relativo à etapa pelos participantes do projeto. Ou seja, não é rigorosamente necessário aguardar a documentação da etapa para prosseguir no desenvolvimento da proposta, mas sim que o modelo BIM esteja aprovado e em conformidade com os requisitos do empreendimento. Assim, é possível, ainda que não seja comum, ter uma parte da equipe que desenvolva a documentação da etapa enquanto outra prossegue no processo decisório da etapa seguinte.

Já comentamos também que no processo BIM diversos participantes devem "entrar mais cedo" no time, sejam gerentes de obra ou pessoal de suprimentos e mesmo fornecedores. Isso leva a uma situação em que alguns marcos de projeto (*milestones*) não são simplesmente um evento ou portão (*gate*), mas sim períodos em que se avaliam opções, ou seja, existe alguma sobreposição de atividades.

A seleção de alternativas de execução anteriormente só ocorreria no planejamento da execução, sob responsabilidade direta e única dos engenheiros de obra. Atualmente, ela ocorre na análise do modelo de coordenação e pode estar sujeita a diversos pontos de vista, inclusive de potenciais fornecedores. Desse modo, atividades de planejamento e de suprimentos são antecipadas, ainda que não se desenvolvam de modo completo neste momento.

Nesse sentido, quando um arquiteto obtém de um fornecedor um componente virtual BIM, este imediatamente toma conhecimento do interesse de uso de seu produto, abrindo um canal de negociação, mesmo que seja mais cedo do que o usual. Numa situação que não é a ideal, mas é bastante frequente, dada a pouca oferta de modelos genéricos, o arquiteto pode ter feito isso porque pretende usar efetivamente o produto ou outro de mesmo tipo, mas como não conseguiu um modelo genérico adequado, inseriu no modelo o que estava disponível.

Poderíamos citar outros momentos em que ocorre este fenômeno, que já pode ser identificado quando o arquiteto está no início da composição do projeto, mas tem acesso a simulações de desempenho energético ou de custos e lida com elas como instrumentos para chegar à melhor solução. Ou seja, atividades de estimativas de custos e de consumo de energia podem ocorrer durante o desenvolvimento da proposta de arquitetura e não somente após a apresentação de uma solução. Isso, além de reduzir prazos, pois elimina idas e vindas entre especialistas, diminui custos e melhora a acurácia do projeto.

Mas essa situação, transportada para a montagem do cronograma, significa considerarmos que algumas atividades serão antecipadas ou, como no caso das simulações, serão divididas, e uma parte dela ocorre em um momento anterior. O desafio nesse caso é como tratar de modo administrativo e comercial essa atividade que ocorre em dois momentos distantes, em que a que ocorre mais cedo é, de certo modo, vinculada à outra, muito maior em termos de carga horária e valor, mas que só terá suas condições de contratação totalmente definidas bem mais adiante.

Vemos que a definição de um cronograma do processo BIM pressupõe um quadro contratual diferente do usual, por isso as dificuldades atuais para sua definição. Além disso, como qualquer cronograma, ele terá uma estrutura de tópicos específica para o empreendimento, ainda que seja bastante semelhante no caso de empreendimento de mesmo gênero e porte.

Na Coletânea Guias BIM ABDI,[1] estão disponíveis exemplos de fluxogramas do processo BIM. Uma parte desse cronograma está reproduzida na **Figura 6.2**.

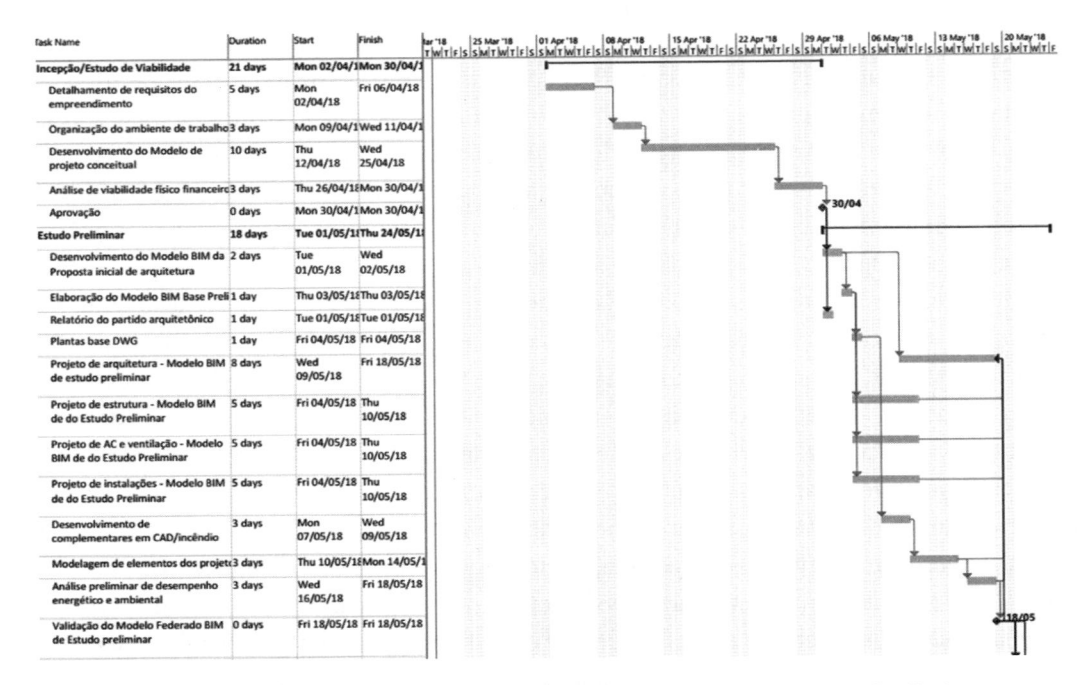

Figura 6.2 Exemplo de cronograma de projeto até etapa de Estudo Preliminar.

---

[1] Disponível em: https://www.gov.br/produtividade-e-comercio-exterior/pt-br/assuntos/competitividade-industrial/building-information-modelling-bim/guias-bim. Acesso em: 21 abr. 2022.

NOMENCLATURA E GESTÃO DE ARQUIVOS E COMPONENTES BIM

O processo BIM implica grande volume de arquivos, muito diversificados, ainda que em menor número que no processo CAD, e muitos deles com tamanho também expressivo, podendo chegar a alguns gigabytes e o volume total de arquivos ser muito elevado, às vezes próximo de um terabyte. Como todos os dados de uma disciplina, como folhas, vistas, planilhas, famílias e demais componentes, estão inseridos no arquivo de autoria, há uma simplificação no acesso. Porém, à medida que o processo colaborativo avança, alguns cuidados devem ser tomados para uma gestão da informação eficiente e segura na organização de projeto.

O primeiro deles é designar alguém responsável pela gestão e controle de qualidade dos dados, atividade que no processo normalmente é atribuída ao gerente BIM (BIM *manager*). Basicamente, cabe a ele o controle de qualidade da informação, o que inclui verificar, em particular antes de qualquer emissão, se os modelos BIM e seus componentes atendem aos requisitos do projeto e da organização (Capítulo 3). Entretanto, seu trabalho se estende no dia a dia, abrangendo os controles de acesso para a equipe interna e parceiros externos, gerenciamento do sistema na nuvem ou de VPN e a verificação rotineira dos componentes BIM armazenados no servidor. Como os servidores recebem muitos acessos, e, frequentemente, são elaboradas novas versões de componentes e suas famílias, é preciso ter atenção para que não sejam alterados indevidamente e que sua nomenclatura e endereço não sejam alterados. Não são raros os casos de arquivos repetidos, às vezes com versões conflitantes, e análise periódica e rotineira dos discos é necessária para correções preventivas.

Para exercer o controle de qualidade existem diversos *plugins*[2] ou mesmo funções, em alguns aplicativos de autoria, que facilitam essa atividade, com funções para apagar arquivos de *backup* ultrapassados, catalogar componentes e parâmetros, facilitar a preparação de *templates* a partir de outros arquivos etc. Cabe a esses *plugins* também ativar e verificar o funcionamento dos sistemas de sincronismo com arquivos em nuvem, especialmente nos casos em que isso seja uma tarefa manual.

Uma primeira distinção para a organização dos arquivos deve ser efetuada entre os arquivos em uso nos projetos, arquivos de referência, inclusive de componentes, como as bibliotecas de objetos de fornecedores, e arquivos que devem ser armazenados para possível acesso futuro.

Nos arquivos em uso, ainda temos que distinguir os que devem ser sincronizados com usuários externos e aqueles de uso exclusivamente interno, os arquivos de autoria. Para efeito desse texto eles serão armazenados na nuvem, embora a rigor possam estar em um servidor local que tenha possibilidade de acesso externo controlado, preferencialmente por VPN.

---

[2] Podemos indicar: BIM Manager Suite, CTC BIM Manager Suite e o Smart Browser Manage, entre outros.

Arquivos na nuvem

Devem ser armazenados na nuvem, em um Ambiente Comum de Dados (ACD), os arquivos compartilhados com outros projetistas e coordenação de projeto. Ou seja, basicamente, são os arquivos que compõem os arquivos federados de cada projeto e alguns arquivos auxiliares, como as bases de dados de terminologia. Porém, esses arquivos não são os de autoria, são uma cópia filtrada destes e que deve ser atualizada de acordo com critérios estabelecidos no BEP. Para projetos mais complexos, essa atualização costuma ser toda noite; para arquivos mais simples, pode ser semanal ou a cada duas semanas.

Arquivos em nuvem podem ter um sistema de acesso direto ou, mais comumente, são localizados em algum diretório que é sincronizado com o arquivo na nuvem. A opção por um dos sistemas passa em primeiro lugar pela qualidade de conexão e por questões financeiras e de segurança. Entretanto, em todos os casos deve ser respeitada a regra básica de que só é permitido *upload* nos diretórios na nuvem para os autores da respectiva especialidade; para os demais, é possível apenas o *download*.

Um ponto interessante é que, para desenvolver o projeto, os projetistas de cada disciplina devem poder visualizar o modelo federado como um todo, e para isso eles vão inserir os arquivos dos demais no seu aplicativo de autoria, para ter a visão do modelo com todos os elementos que possam afetar seu trabalho, como ilustrado na **Figura 6.3**.

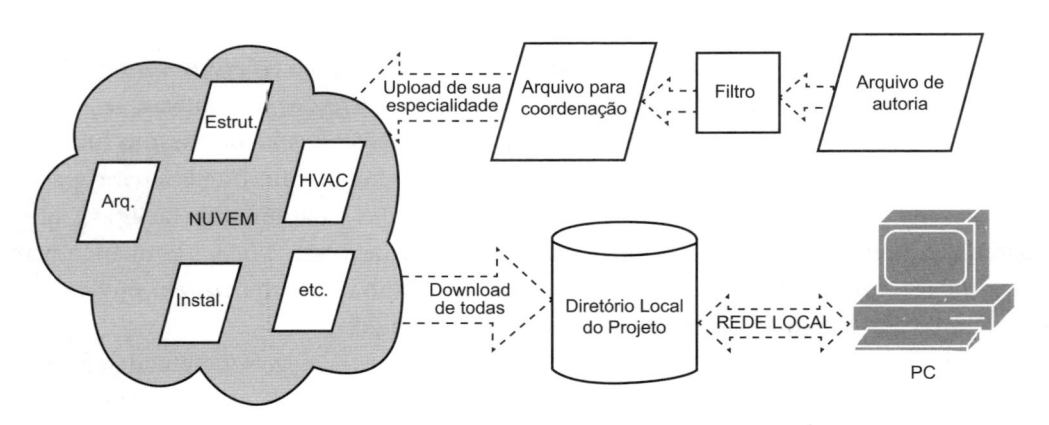

Figura 6.3   Fluxo entre nuvem e PC de projeto.

Porém, no momento de gravar seu arquivo, nele estarão apenas os *links*, que para permanecerem ativos deverão manter seus respectivos endereços. Assim, a cada sincronismo a visão estará atualizada. Em alguns aplicativos, o fato de o arquivo inserido estar em regime de acesso direto na nuvem poderá causar conflito, pois ele eventualmente estará em edição por terceiros. A prática de sincronismo fora do horário de expediente evita este tipo de problema e facilita a gestão.

Já o acesso direto a sistemas de colaboração, como o COLABORATIVE PRO da Autodesk, no Brasil frequentemente é prejudicado pela má qualidade da rede. Como os arquivos de autoria BIM podem ser bastante grandes e em muitos casos ultrapassam 1 Gb, o sincronismo às vezes pode ser um pouco lento. Se entre disciplinas isso não chega a ser um problema, pois ele só ocorre em intervalos longos, dentro da equipe de uma mesma especialidade isso deve acontecer muitas vezes ao longo do dia, talvez ao longo da mesma hora, obrigando a pequenas interrupções no trabalho. Destacamos que não é um problema do sistema, mas sim do tráfego na rede no Brasil, e que para arquivos menores ele costuma funcionar satisfatoriamente.

Nomenclatura e estrutura de diretório privado

A organização dos arquivos privados, sejam locais ou na nuvem, deve respeitar uma estrutura predefinida, repetindo-se para os diferentes projetos, com as devidas adequações. É conveniente definir um modelo de diretório que será copiado de um local de armazenamento para uma nova posição, sendo renomeado com o código ou título do projeto. Em organizações de maior porte, o acesso a esse diretório é a limitado aos participantes da equipe de cada projeto. Embora ele possa ser organizado de diversos modos, na **Figura 6.4** temos um exemplo desse diretório modelo.

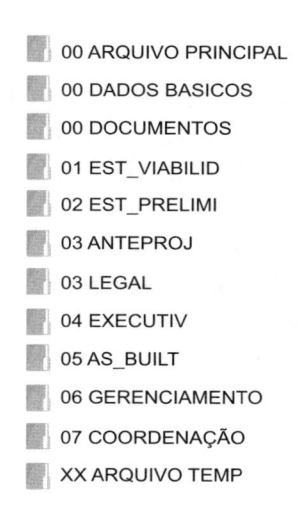

00 ARQUIVO PRINCIPAL
00 DADOS BASICOS
00 DOCUMENTOS
01 EST_VIABILID
02 EST_PRELIMI
03 ANTEPROJ
03 LEGAL
04 EXECUTIV
05 AS_BUILT
06 GERENCIAMENTO
07 COORDENAÇÃO
XX ARQUIVO TEMP

Figura 6.4 Exemplo de diretório de projeto modelo. Fonte: GDP.

Na pasta ARQUIVO PRINCIPAL estão os arquivos BIM de uso pela equipe de projeto, ou seja, os arquivos centrais que serão sincronizados com os arquivos na nuvem. Nas pastas de cada fase serão armazenados os conjuntos de entregáveis de cada etapa e respectivos documentos complementares.

Todas as regras de nomenclatura e armazenamento de arquivos devem ser definidas em um procedimento, em que além das regras deve constar os exemplos de diretórios. Ele inclui a estrutura para os arquivos administrativos e para os que podem ser acessados pela área técnica da organização.

Deve ser definida a padronização de abreviaturas de referência a clientes e projetos, constituindo uma lista oficial acessível a todos, mas editável apenas pela administração da organização.

Nomenclatura de arquivos de componentes BIM

Numa organização de projeto existem milhares de arquivos de componentes BIM, e organizar essa biblioteca exige procedimentos bem definidos. Porém, exceto aqueles desenvolvidos internamente, muitos componentes BIM são distribuídos por terceiros e ainda não existe uma norma que os padronize. Por isso, convém separar as bibliotecas de terceiros da biblioteca interna, que segue os procedimentos definidos pela organização.

O GT de objetos BIM da CEE-134, Comissão Especial de Estudos da ABNT sobre o tema de Modelagem de Informação na Construção, elaborou uma recomendação para a sua nomenclatura, descrita a seguir.

DescriçãoTipo_Subtipo_Livre_Responsavel

Os vários campos do nome são separados por sublinhado ("_"). Em que:

- **Responsável**: grafado na forma CaixaAltaCaixaBaixa (primeira letra de cada palavra em maiúscula, sem espaços), sem acentos e caracteres especiais. Indica o responsável pelo componente (não necessariamente seu desenvolvedor).
- **DescriçãoTipo**: a descrição do tipo de componente deve ser baseada no correspondente termo da Tabela 2C, 3E ou 3R (ABNT NBR 15965), sendo permitidas abreviações.
- **Subtipo**: a descrição de subtipo é opcional. Se referir-se a dimensões, usar o formato Comprimento $\times$ Largura $\times$ Espessura ou Altura.
- **Livre**: texto opcional com demais informações relevantes para a identificação do componente.

Nomes de materiais devem ser únicos e respeitar os títulos da Tabela 0M ou 2C da ABNT NBR 15965, sendo composto de:

DescriçãoTipo_Subtipo_Livre_CodTab0M (ou2C)_Responsavel

Em que os arquivos de imagem sejam separados do arquivo do objeto, o nome do arquivo de imagem deve ser único, sendo composto de:

DescriçãoTipo_Subtipo_Livre_Responsavel + extensão do formato

Os componentes BIM e arquivos correlatos devem ser armazenados em diretório específico, acessível a todos os membros da equipe de produção, preferencialmente com sistema de controle de acesso que permita o acompanhamento da criação de versões pelo gerente BIM. A estrutura interna do diretório deve facilitar a busca pelos diferentes tipos de componentes, sendo recomendável que se utilize a hierarquia da ABNT NBR 15965-4, descrita na **Tabela 6.1**.

Tabela 6.1 Primeiro nível da tabela 2C – componentes da ABNT NBR 15965-4

2C 02 00 00 00 00 00	Produtos relacionados ao terreno
2C 04 00 00 00 00 00	Produtos para a execução de estruturas e vedações
2C 06 00 00 00 00 00	Produtos para envoltória
2C 08 00 00 00 00 00	Divisórias e paredes modulares
2C 10 00 00 00 00 00	Produtos para acabamentos internos
2C 12 00 00 00 00 00	Produtos para aberturas, portas e janelas
2C 14 00 00 00 00 00	Produtos para serviços de manutenção predial
2C 30 00 00 00 00 00	Produtos para infraestrutura e mobilidade
2C 60 00 00 00 00 00	Produtos para a indústria de construções temporárias
2C 64 00 00 00 00 00	Componentes para comunicação visual
2C 66 00 00 00 00 00	Componentes modulares industrializados
2C 68 00 00 00 00 00	Mobiliário e equipamentos diversos
2C 70 00 00 00 00 00	Produtos para esportes e lazer
2C 72 00 00 00 00 00	Produtos para transporte e manuseio de materiais
2C 74 00 00 00 00 00	Produtos médicos e laboratoriais
2C 76 00 00 00 00 00	Produtos para segurança e proteção
2C 78 00 00 00 00 00	Produtos para instalações hidrossanitárias
2C 80 00 00 00 00 00	Produtos para instalações de aquecimento, ventilação e ar-condicionado (AVAC)
2C 82 00 00 00 00 00	Produtos para instalações elétricas e iluminação
2C 84 00 00 00 00 00	Produtos para telecomunicações e automação
2C 90 00 00 00 00 00	Produtos multifuncionais e de uso geral para construção

Fonte: ABNT NBR 15965-4:2021.

PROCEDIMENTOS PARA COORDENAÇÃO E COMUNICAÇÃO EM PROJETOS BIM

O processo colaborativo do BIM resulta em aumento exponencial das comunicações entre os membros da equipe, o que resultou numa demanda por sistemas que organizassem essas trocas com segurança e rastreabilidade. Além disso, o compartilhamento de arquivos de coordenação exige uma série de condições de acesso, não sendo conveniente que isso ocorra sem controle.

Para responder a essas questões foram desenvolvidos diversos sistemas colaborativos que oferecem acesso à visualização do modelo BIM e permitem comentários e definições de questionamentos para discussão. Podemos citar: Trimble Connect, ACONEX, BIMcollab, BIMsync, Revizto, BIMTrack, mas é um segmento muito dinâmico e a todo momento surgem novidades.

Existem também *plugins* para comunicação interna entre membros da equipe que usem o mesmo aplicativo, como o COLABORATIVE PRO da Autodesk e o Trello, que podem ser acrescentados ao REVIT e permitem a troca de mensagens vinculadas a imagens coordenadas com o modelo BIM. O Trello pode integrar esta comunicação num contexto mais amplo de gestão de tarefas, enquanto o sistema da AUTODESK tem funcionalidades poderosas para a colaboração entre as equipes. Porém, nesses casos, a comunicação é limitada a parceiros que usem a mesma plataforma e, no Brasil, projetistas de estruturas e de instalações costumam desenvolver boa parte do trabalho de dimensionamento sobre outras plataformas, utilizando um aplicativo de modelagem apenas para a finalizar e complementar da documentação, o que significa que não vão perceber as mensagens rapidamente.

A melhor opção é utilizar sistemas de comunicação baseados no formato BCF, desenvolvido sob a responsabilidade da buildingSMART,[3] cuja versão mais recente é de agosto de 2021, ou seja, bastante recente. Na verdade, é um esquema XML em padrão aberto, por isso vem sendo utilizado por diversos desenvolvedores. Ele permite que usuários de diversos locais e especialidades acessem uma mesma base de dados e troquem mensagens de coordenação de um projeto de modo assíncrono e controlado.

Os sistemas baseados em BCF se tornaram a melhor forma de organizar e controlar a comunicação entre os participantes de uma equipe de um empreendimento, mas existe grande variedade de recursos conforme cada um dos sistemas citados. Alguns exigem que o usuário esteja conectado a um servidor, outros permitem trabalhar *off-line*. E alguns aplicativos de autoria, como o ARCHICAD, já têm o recurso de abrir diretamente um arquivo BCF, assim como sistemas de verificação de conflitos, como o NAVISWORKS.

Esses sistemas permitem definir um questionamento (*issue*), associar uma imagem do modelo, direcionar a um ou mais membros da equipe, definir prazos e acompanhar a evolução, como ilustra a **Figura 6.5**, dentro de um ambiente controlado, com possibilidade de emissão de relatórios e, no caso dos sistemas *web*, permitem visualizar e comentar o modelo em um navegador *web*, sem necessidade de instalar um aplicativo. É possível utilizar a comunicação por meio de arquivos BCF sem passar por servidores *web*; porém, isso só é recomendável em projetos pequenos, com equipes restritas e boa experiência conjunta, pois depende fortemente de que todos sigam procedimentos de tempo de resposta e sequenciamento no processo de questionamento definidos em conjunto.

---

[3] Ver: http://www.buildingsmart-tech.org/specifications/bcf-releaseshttps://technical.buildingsmart.org/standards/bcf/. Acesso em: 20 abr. 2022.

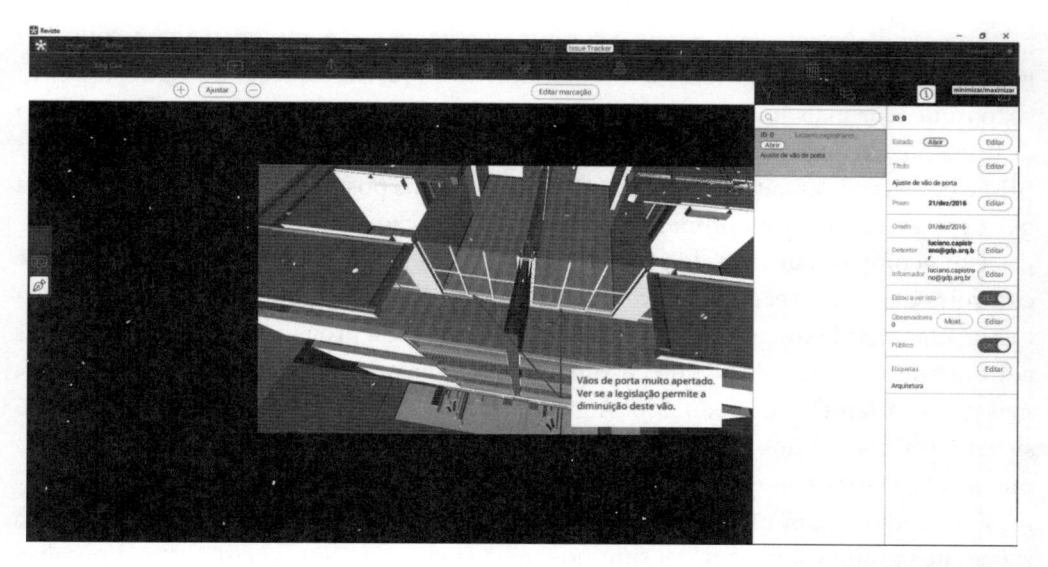

Figura 6.5 Captura parcial de tela de sistema de colaboração e coordenação (REVIZTO). Fonte: GDP.

Além de manter o registro de todas as comunicações entre os participantes, uma das grandes vantagens desses sistemas é substituir as atas de reuniões, uma tarefa ingrata e trabalhosa e que agora se dilui no desenrolar das trocas, seja numa reunião física ou virtual. Em alguns casos, é possível vincular os elementos aos questionamentos de modo que mais tarde ao clicar sobre esse elemento no modelo podemos ter um histórico das decisões em que ele esteve envolvido. E sempre é possível, por meio da GUID[4] do elemento pesquisar na base de dados o que foi discutido sobre ele.

Para isso, entretanto, é preciso que todos os membros da equipe usem o mesmo sistema centralizado, o que significa que o custo e a tarefa de administração desse sistema devem ser alocados a um dos participantes, o que deve ser definido no BEP.

MONITORAMENTO DE PROJETOS BIM

Conforme a velha máxima, "só se gerencia aquilo que se mede",[5] e nos processos BIM ela continua válida, a questão é o que e como mensurar, o que depende da organização e do mercado em que ela opera. Como regra geral, nos empreendimentos o foco é monitorar a produtividade, a qualidade e a acurácia. Mas, para cada segmento da construção, isso tem um significado diferente.

---

[4] GUID significa *globally unique identifier*. Ver: https://www.techopedia.com/definition/1208/globally-unique-identifier-guid#. Acesso em: 4 nov. 2022.
[5] Conceito apresentado por W. Demming em 1950.

Na área de projetos, no Brasil, é comum que pequenas empresas tenham controles muito fracos, e para estabelecer o monitoramento é preciso começar do zero. Nesse caso, o indicador mais imediato e facilmente implantado é a rentabilidade de cada posto de trabalho. Ela deve aumentar à medida que o escritório ganhe experiência no processo BIM e pode ser calculado rateando o faturamento pelos postos efetivos mês a mês, ainda que dependendo de um mínimo de controle de alocação de pessoal, projeto a projeto.

Um acompanhamento de produtividade mais efetivo passa pela implantação de controles das horas técnicas aplicadas em cada projeto, preferencialmente com classificação das atividades, por exemplo, desenvolvimento do projeto, comunicação, tarefas administrativas e reuniões, que costumam absorver um volume de horas expressivo, mas no BIM tende a ser reduzido. A granularidade desse controle depende muito do sistema utilizado e dos objetivos do monitoramento para o escritório de projetos, na maioria das vezes não é conveniente descer a muitos detalhes. Existem diversos sistemas[6] para isso, sejam na internet, sejam os que rodam na rede interna e monitoram o acesso aos arquivos, porém, mesmo nos mais simples, às vezes sem custo, é possível definir uma classificação de atividades. Monitorar o acesso a arquivos pode ser enganoso, pois rotineiramente abrimos um projeto para obter dados para outro. Um diferencial é se oferecem possibilidade de acesso via celulares, um aspecto importante para o controle de tarefas externas.

Porém, não basta classificar as atividades, é preciso distinguir entre os diversos tipos de projetos e seu porte. Um projeto de hospital consome mais horas técnicas por metro quadrado do que um prédio multifamiliar, mas também há grande variação se ele tem dez mil ou cem mil metros quadrados. Essa classificação deve ser adequada ao mercado em que o escritório opera: se estiver focado em um só segmento, é possível que a diferenciação de porte e de custo por m^2 seja relevante; porém, se o mercado for mais diversificado, a função do edifício tende a ser mais importante. Infelizmente, como não existem bases públicas a respeito disso, cada escritório tem que montar as suas bases e, ao longo de alguns anos, consolidar uma base confiável. Mas a implantação desses controles traz de imediato a possibilidade de acompanhamento dos desempenhos geral e individual, o que gera benefícios no curto prazo.

Entretanto, a qualidade e a acurácia do projeto podem ser vinculadas ao volume de problemas identificados e discutidos ao longo do projeto e no acompanhamento da obra. E os sistemas de coordenação apresentados no item anterior facilitam enormemente esse controle, pois, em geral, apresentam o número de *issues*, sendo possível em alguns sistemas classificá-las por usuário ou usar *tags* para outros temas, bem como exportar dados para sistemas de tratamento de dados e visualização, como Microsoft Power BI. O acompanhamento de questionamentos durante a obra e o de solicitações de alterações são indicadores simples e efetivos da acurácia do projeto. Em todos esses casos, o objetivo

---

[6] Podemos relacionar o TOGGL, o WRIKE, o Sistema NAVIS, entre os muitos disponíveis.

a ser perseguido é a redução dos índices de questionamentos após a entrega; porém, cabe diferenciar problemas de concepção da simples demanda de esclarecimentos adicionais, que também ocorre por esse canal. Quando utilizados sistemas BCF, como são um tipo de XML também é possível inserir esses arquivos em bancos de dados devidamente estruturados. E, quando não houver sistema voltado para coordenação, como recomendamos, sempre é possível ter um controle manual ou inserir na classificação do controle de horas técnicas um item dedicado a essa atividade.

No segmento de empresas construtoras, em que costuma existir mais recursos financeiros e administrativos, a implantação de controles de produtividade tende a ser mais fácil e comum. Para elas, também é importante o controle sobre a qualidade dos projetos recebidos efetuado por meio dos sistemas de coordenação; trata-se aqui de controle de recebimento de produto. Porém, quanto à obra, os controles mais relevantes derivados do processo BIM são o atendimento a prazos e orçamentos, mensurados em percentuais, bem como as revisões de soluções de projeto. Também já foram relatados ganhos pela redução de horas de pessoal de controle e de redução de custo de obra, itens monitorados de modo rotineiro.

Capítulo 7

Normas para o BIM

Visão geral do conjunto de normas aplicáveis. A ABNT ISO 12006-2 e o padrão IFC. A ABNT 15965 e sua importância para a classificação da informação.

Em paralelo e impulsionada pela maior difusão do BIM, vem ocorrendo uma expansão do conjunto de normas que regulam processos e produtos relacionados. Afinal, integração, colaboração e interoperabilidade são conceitos-chave nos processos BIM, sendo o último uma pré-condição para os dois primeiros. A livre troca de arquivos entre os participantes da equipe do empreendimento, sem necessidade de traduções complexas e que potencializam a perda de dados, é essencial para se atingir todos os benefícios do BIM, mas exige a padronização de processos e de procedimentos. Com esse objetivo, em 1995, os principais fornecedores de *software* reuniram-se e, após análise sobre a importância do tema, decidiram estabelecer uma organização que viabilizasse os padrões necessários. Desse modo, em 1996, nasceu a Industry Alliance for Interoperability (IAI), que em 2008 foi reconfigurada como a buildingSMART Alliance.[1] O que de início era um padrão privado, rapidamente evoluiu para fazer parte do sistema normativo internacional da International Standard Organization (ISO) e, desde então, diversos textos já foram publicados, compondo um conjunto abrangente de normas que auxiliam o desenvolvimento e o uso de aplicativos, bem como o processo de implantação de BIM. Parte desses textos já foi traduzida ou adaptada para as condições nacionais.

---

[1] Ver: https://www.buildingsmart.org. Acesso em: 17 jan. 2018.

Neste texto, vamos abordar:

- A ABNT ISO 12006-2 Construção de edificação – Organização de informação da construção.
- As normas relativas ao IFC (ISO 10303-11 e ISO 16739:2013).
- A ABNT NBR 15965 – Sistema de Classificação da Informação na Construção.
- A ISO 19650-1 e 2, que, pela sua relevância, será tratada em um capítulo dedicado.

Mas o conjunto de normas ISO relativas ao BIM é mais amplo, pois inclui as listadas a seguir que, por terem interesse restrito a públicos especializados, não serão objeto de uma análise mais aprofundada.

- ISO 16354:2013 *Guidelines for knowledge libraries and object libraries*, traduzida como ABNT ISO 16354:2018 Diretrizes para as bibliotecas de conhecimento e bibliotecas de objetos, com o objetivo de *"distinguir categorias de bibliotecas de conhecimento e estabelecer as bases para estruturas uniformes e conteúdo dessas bibliotecas assim como a uniformização de seu uso"*.
- ISO 16757-1:2015 *Data structures for electronic product catalogues for building services – Part 1: Concepts, architecture and model*, traduzida como ABNT ISO 16757-1:2018 Estruturas de dados para catálogos eletrônicos de produtos para sistemas prediais – Parte 1: Conceitos, arquitetura e modelo, cujo objetivo é *"fornecer uma estrutura de dados para catálogos eletrônicos de produtos, a fim de transmitir dados de produtos de instalações prediais, automaticamente, para modelos de aplicativos para sistemas prediais"*.
- ISO 16757-2:2016 *Data structures for electronic product catalogues for building services – Part 2: Geometry*, traduzida como ABNT ISO 16757-2 Estruturas de dados para catálogos eletrônicos de produtos para sistemas prediais – Parte 2: Geometria, que *"descreve a modelagem geométrica de produtos para sistemas prediais [...] otimizada para o intercâmbio de dados de catálogo de produtos"*.
- ISO 22263:2008 *Organization of information about construction works – Framework for management of project information*, cujo objetivo é, numa tradução livre, *"especificar uma estrutura para a organização das informações do empreendimento (tanto relacionadas com o processo como o produto) em projetos de construção. Sua finalidade é facilitar o controle, a troca, a recuperação e o uso de informações relevantes sobre o empreendimento e a entidade construtora"*. Uma norma BIM pioneira que estabeleceu uma base lógica para as sucessoras.
- ISO 29481-1:2016 *Building information models – Information delivery manual – Part 1: Methodology and format*, cuja primeira edição foi em 2010 e, numa tradução livre, especifica *"uma metodologia que vincula os processos de negócios realizados durante a construção de ativos construídos com a especificação das informações que são exigidas por esses processos"*, bem como *"uma forma de mapear e descrever os processos de informação ao longo do ciclo de vida das obras"*.

- ISO 29481-2:2012 *Building information models – Information delivery manual – Part 2: Interaction framework*, revisada sem alterações em 2018 e que, numa tradução livre, especifica "*uma metodologia para descrição da estrutura de interação, uma maneira apropriada de mapear responsabilidades e interações que fornece um contexto de processo para o fluxo de informações e um formato no qual a estrutura de interação deve ser especificada*".

- ISO/TS 12911:2012 *Framework for building information modelling (BIM) guidance*, que pretende auxiliar na estruturação de documentos de orientação de BIM em nível de um projeto ou para um contexto internacional ou nacional, assim como fornecedores de aplicativos.

- ISO 29481– Partes 1 a 3 *Building information models – Information delivery manual*, na parte 1, especifica "*uma metodologia que vincula os processos de negócios realizados durante a construção de instalações construídas com a especificação das informações que são exigidas por esses processos e uma forma de mapear e descrever os processos de informação ao longo do ciclo de vida das obras de construção*".[2] Na parte 2, especifica "*uma metodologia e formato para descrever 'atos de coordenação' entre os atores em um projeto de construção civil durante todas as fases do ciclo de vida*".[3] E a parte 3, ainda em desenvolvimento, "*define o padrão internacional para um esquema de dados e código aplicáveis, legíveis e transferíveis por máquina (SMART) para o desenvolvimento, gerenciamento e reutilização eficientes da especificação ISO 29481-1 (manual de entrega de informações, IDM)*".[4]

- ISO/DIS 7817:2021, *Building information modelling – Level of information need – Concepts and principles*[5] que "*especifica as características dos diferentes níveis usados para definir os detalhes e a extensão das informações necessárias para serem trocadas e entregues ao longo do ciclo de vida dos ativos construídos (o documento), fornece diretrizes para os princípios necessários para especificar as necessidades de informação*".[6]

Cabe ainda destacar que os documentos ISO/TS e ISO/DIS ainda não são normas; o primeiro é um guia que precede a discussão de uma norma e o segundo é um texto em desenvolvimento; porém, seu conteúdo já está num estágio que permite consultas e análises.

ABNT ISO 12006-2: UMA ESTRUTURA PARA CLASSIFICAÇÃO

Na base lógica para essa complexa estrutura normativa está a ISO 12006-2015 *Building construction – Organization of information about construction works – Part 2: Framework for classification*, inicialmente publicada em 2001, e que já foi traduzida como ABNT ISO

---

[2] Fonte: tradução livre da ISO/TS 12911.
[3] *Id., Ibid.*
[4] *Id., Ibid.*
[5] Em tradução livre: Nível de informação necessário – conceitos e princípios.
[6] Fonte: tradução livre da ISO/DIS787:2021, proposta que tem por base a BS EN 17412-1:2020 *Building Information Modelling. Level of Information Need Concepts and principles.*

12006-2: 2018 Construção de edificação – Organização de informação da construção. Parte 2: Estrutura para classificação de informação.

A importância dessa norma não se restringe a fornecer uma estrutura para a classificação da informação; ela esclarece o relacionamento entre as classes propostas e podemos dizer que define a essência lógica dos processos na construção que será, de alguma forma, reproduzida nos algoritmos dos aplicativos. Além disso, estabelece conceitos e suas respectivas terminologias, o que evita erros de interpretação, tanto em documentos como em aplicativos.

Para melhor entender a estrutura é preciso entender a lógica dos relacionamentos, que podem seguir duas hierarquias, a de classificação propriamente dita, com classes e subclasses, ou a hierarquia de composições.

Subclasses são conjuntos de tipos vinculados a uma classe. Como exemplificado na **Figura 7.1**, paredes, telhados e pisos são "elementos" da construção. Já a classe de elementos de isolamento pode ter as subclasses "Isolamento de paredes" e "Isolamento de dutos", ou seja, subclasses são "tipos de" com relação à classe superior.

Membros das classes apresentam propriedades comuns e podem ser usadas na definição e subdivisão das classes para aumentar os níveis de detalhamento. Uma característica importante é que os componentes de uma subclasse "herdam" as propriedades da classe superior; por exemplo, a propriedade "estanqueidade" é uma característica que todo tipo de janela deve apresentar. Já os elementos[7] da construção sempre terão

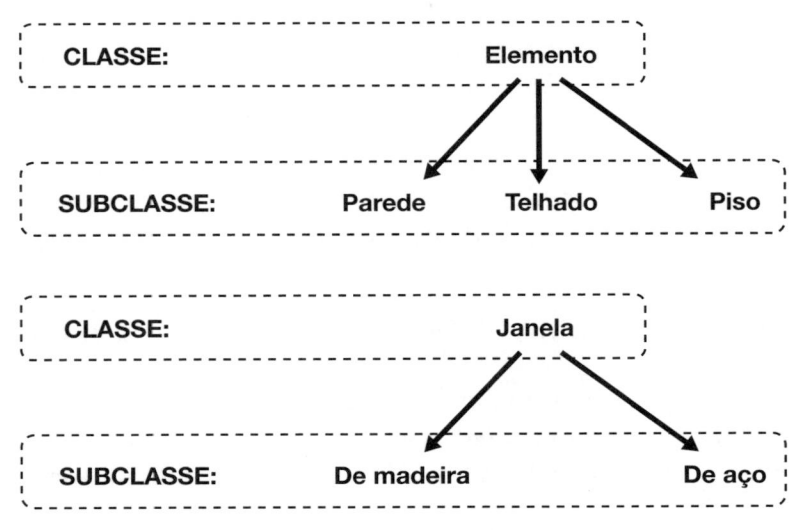

Figura 7.1 Exemplos de classe e subclasses.
Fonte: adaptada de ABNT ISO 12006-2.

---

[7] Segundo a ABNT ISO 12006-2, "elemento da construção" é "parte constituinte de uma unidade da construção, com uma função, forma ou posicionamento característicos".

propriedades de resistência físicas, entre outras. Subclasses "herdam" as propriedades das classes, mas têm propriedades específicas e, no caso das janelas, as de madeira podem ter resistência ao ataque de térmitas, enquanto as de aço apresentam resistência à corrosão.

Assim, uma instância de um objeto é sempre um "tipo de" elemento, pois mesmo que um mesmo modelo de janela seja aplicado em diversos locais, cada um deles tem a localização como propriedade individual. Claro que existem diversas propriedades que podem variar sem alterar a classe a que pertencem; isso varia conforme a definição da classe, que ocorre em função de um número limitado de propriedades. Essa definição de classes afeta profundamente o modo de extrair quantitativos de materiais e equipamentos, bem como as possibilidades de organização das respectivas tabelas. Para maior eficiência nessa atividade é importante caracterizar os elementos com propriedades que possam ser filtradas para essa finalidade.

Pelo seu fator "hereditário", as propriedades têm um volume de informação evolutivo, decorrente da maior especificidade das subclasses com relação à classe "mãe".

As propriedades, por sua vez, também são entendidas como "objetos" e, portanto, precisam receber uma classificação especial, que permeia resultados, processos e recursos, como está previsto nas normas de sistemas de classificação, como a ANBT NBR 16965, descrita adiante.

A hierarquia de composição reflete uma condição de subordinação, em que o subordinado é "parte de" um todo, como ilustra a **Figura 7.2**, em que o ventilador, o isolamento e o exaustor compõem o "sistema de ventilação". Segundo a norma, um objeto é considerado uma parte se, quando adicionado ou retirado de um todo, o todo ainda permanecer entendido como tal.

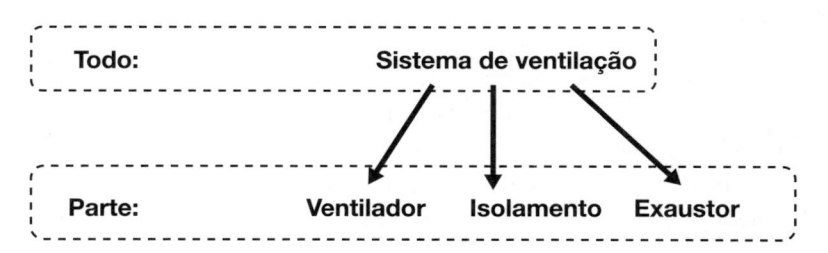

Figura 7.2   Hierarquia de composição.
Fonte: adaptada de ABNT ISO 12006-2.

Os dois conceitos são necessários para descrever um conjunto ou sistema, como ilustra a **Figura 7.3**.

A definição das classes nessa norma partiu do conceito de processo, sendo relacionadas com os recursos, resultados ou propriedades, como apresenta a **Tabela 7.1**.

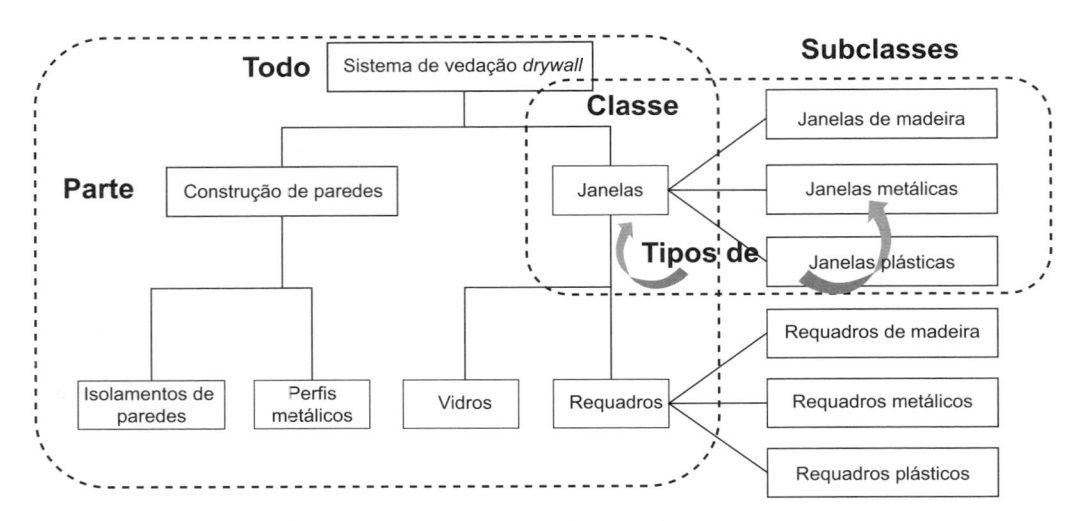

Figura 7.3 Combinação de composição e classificação.
Fonte: adaptada de ABNT ISO 12006-2.

Tabela 7.1 Conceitos de classificação

Classe	Classificada de acordo com
Classes relacionadas com o recurso	
Informação da construção	Conteúdo
Componentes da construção	Função, forma, material ou qualquer combinação desses termos
Agente da construção	Disciplina ou o papel, ou combinação desses termos
Apoio da construção	Função, forma, material ou qualquer combinação desses termos
Classes relacionadas com o processo	
Gestão	Atividade de gestão
Processo construtivo	Atividade construtiva ou as etapas do processo construtivo dentro do ciclo de vida do processo de projeto e obra, ou qualquer combinação
Classes relacionadas com o resultado	
Complexo da construção	Função, forma, material ou qualquer combinação desses termos
Unidade da construção	Função, forma, material ou qualquer combinação desses termos
Espaço construído	Função, forma, material ou qualquer combinação desses termos
Resultado da construção	Atividades realizadas para se obter o resultado construído, assim como os recursos utilizados
Classes relacionadas com as propriedades	
Propriedades construtivas	Tipo de propriedade

Fonte: adaptada de ABNT ISO 12006-2.

A estrutura geral definida pela norma está ilustrada na **Figura 7.4**.

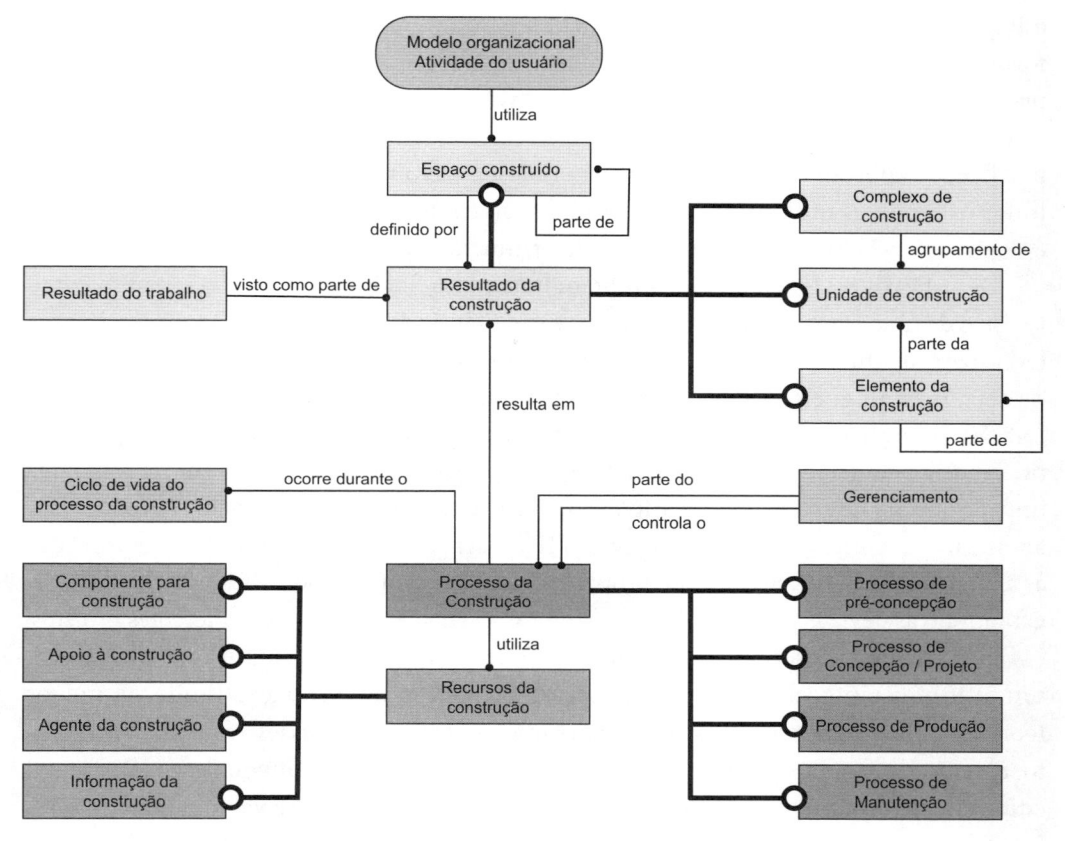

Figura 7.4   Classes e seus relacionamentos genéricos.
Fonte: ABNT ISO12006-2:2018.

IFC: UM PADRÃO PARA COMPARTILHAMENTO E INTEROPERABILIDADE

O primeiro padrão público relativo ao BIM foi o IFC, *Industry Foundation Class*, um esquema de dados que utiliza a especificação EXPRESS, conforme a ISO 10303-11, *Industrial automation systems and integration – Product data representation and exchange – Part 11: Description methods: The EXPRESS language reference manual*. A primeira versão foi liberada no ano 2000, mas a partir da versão IFC4, liberada em 2013, foi publicada como a norma ISO 16739:2013[8] *Industry Foundation Classes (IFC) for data sharing in the construction and facility management industries*.

---

[8] Revisada em 2018.

Atualmente, o IFC é reconhecido como o padrão de referência para a troca de dados e existem centenas de aplicativos certificados como compatíveis,[9] ou seja, que permitem a importação e exportação segura de dados para um arquivo no padrão. Existem três formatos padronizados: o .ifc; o .ifczip, um formato comprimido; e o .ifcXML, uma representação XML utilizada por alguns aplicativos.

Por isso, o IFC tornou-se a base para o conceito de Open BIM, em que não são especificados aplicativos proprietários para o desenvolvimento dos projetos, mas sim que todos os arquivos utilizados para a coordenação e integração sejam no formato .ifc, que é neutro, ou seja, não exige plataforma determinada ou um aplicativo proprietário.

Os arquivos no IFC também cumprem uma outra finalidade, a de funcionarem como registro de uma etapa ou entrega, pois não são editáveis de modo direto; devem ser importados para algum aplicativo de projeto para serem alterados e este processo fica registrado, ou seja, mesmo que seja gravado com mesmo nome, os dados de autoria e as datas de criação serão alterados. Os arquivos nesse formato são uma garantia de autoria, por isso a preferência pelo seu uso em todas as entregas de projeto. Porém, a entrega em IFC em nada impede que, no futuro, alguém que tenha recebido um projeto neste formato proceda a uma alteração na edificação. Basta importar o IFC para um aplicativo de autoria e proceder às alterações desejadas em formato proprietário. Ficará caracterizada a autoria diferenciada, garantindo as devidas responsabilidades técnicas a cada projetista desses diferentes projetos.

Finalmente, por ser uma especificação aberta, o IFC permite supor que, mesmo em um futuro distante, ele sempre possa ser utilizado. Em uma situação limite, ao menos teoricamente, sempre será possível refazer um sistema que leia esses arquivos. Entretanto, no caso de arquivos proprietários, não há garantia de que, no longo prazo, eles sejam editáveis, sendo comum que um fornecedor cesse o apoio técnico a versões mais antigas. Isso vem ocorrendo mesmo com sistemas operacionais, e em alguns *softwares* de projeto BIM existem problemas de compatibilidade entre versões relativamente recentes.

Ainda que o usuário comum não precise se preocupar com as definições internas do IFC, pois como elas foram incorporadas pelos aplicativos certificados, esses arquivos podem transitar satisfatoriamente entre eles, conhecer a estrutura desse tipo de arquivo é importante para um manuseio mais avançado das informações disponíveis em arquivos BIM, mesmo no caso de arquivos proprietários. Além disso, existe um número crescente de visualizadores gratuitos que permitem navegar nas propriedades do IFC e que são uma solução para consultas rápidas, alguns inclusive com recurso para extração de quantidades simples, mas exigem um conhecimento mínimo da estrutura de um IFC, que é bastante complexa.

A melhor fonte de informação sobre o IFC é o *site* da BuildingSmart (www.buildingsmart.org), no qual também estão informações atualizadas sobre outros padrões de interesse, como o COBie e o BCF. E no *site* correlato https://technical.buildingsmart.org/

---

[9] Ver a lista completa em: https://technical.buildingsmart.org/resources/software-implementations/. Acesso em: 16 set. 2021.

standards/ifc/ifc-schema-specifications/ é possível consultar e navegar por todo o esquema. Porém, para um leigo, essas fontes são um pouco complexas, por isso é mais fácil consultar os manuais sobre IFC dos fornecedores de *software*.[10]

O esquema IFC prevê uma serie de "entidades", com relações de hereditariedade definidas, mas flexíveis o bastante para a descrição de todos os objetos da construção.

Uma entidade é "*uma classe de informação definida por atributos e requisitos comuns*"[11] e o IFC-4 prevê 876 entidades que podem ser combinadas de modos quase infinitos para compor esquemas específicos. Essa flexibilidade é uma riqueza da proposta, pois permite atender a todas as demandas para descrever um objeto ou um processo, mas ao mesmo tempo é um obstáculo para a compreensão e interoperabilidade entre aplicativos, pois a organização interna dos dados pode ser diferente. Uma dificuldade frequente é a necessidade de mapear os dados a serem exportados de um aplicativo para o IFC, pois nem sempre será fácil encontrar uma informação no interior do IFC. É o caso, por exemplo, no REVIT de exportações de parâmetros definidos especialmente para um projeto, que deve ser corretamente relacionado com o esquema desejado ou ficarão em uma classe

Outro conceito importante do IFC é o MDV – *Model View Definition*,[12] um filtro de informações pré-configurado conforme um caso de troca de informações que transfere apenas os dados relevantes ao caso, o que facilita o processamento de saída, na verificação e no reprocessamento pelo recebedor da informação. Por exemplo, análises de sustentabilidade ou desempenho térmico não necessitam de todas as informações do edifício, apenas parte delas e existem MVDs configurados para isso.

ABNT NBR 15965 – SISTEMA DE CLASSIFICAÇÃO DA INFORMAÇÃO NA CONSTRUÇÃO

Por que é necessário um sistema de classificação?

Nos sistemas computacionais é fundamental que todos os atores tenham bases de referência comuns, que permitam a correta especificação de cada elemento, componente ou atividade. E na construção, em particular num país continental como o Brasil, temos que lidar com grande variedade de denominações para tudo que ocorre nesse universo.

Os sistemas de classificação têm como objetivo básico identificar de modo único todos os insumos, sejam eles uma peça ou material, os atores ou os resultados dos processos construtivos, bem como os seus requisitos.

---

[10] Ver, por exemplo, o IFC Reference for ARCHICAD (https://learn.graphisoft.com/visitor_catalog_digital_media/show/351) e o REVIT IFC Manual (https://damassets.autodesk.net/content/dam/autodesk/www/pdfs/revit-ifc-guide-high-res.pdf).

[11] "*class of information defined by common attributes and constraints*" no original, https://standards.buildingsmart.org/IFC/DEV/IFC4_3/RC4-voting/HTML/. Acesso em: 17 set. 2021.

[12] Numa tradução literal, "definição da visualização do modelo".

Enquanto a ABNT ISO 12006-2 nos fornece uma ontologia geral, ou seja, uma base lógica de relacionamento, sistemas de classificação descem a níveis mais detalhados na caracterização de todos os "objetos" que serão tratados pelos sistemas. Porém, não chegam a caracterizar um produto comercial ou um ator, pois o seu intuito é exatamente estabelecer os requisitos que vão permitir especificar que produtos ou funções atendem aos processos em pauta.

O sistema cumpre também uma função adicional, a de estabelecer uma terminologia para os "objetos" da construção. Sem isto, corremos o risco de esses objetos serem confundidos e resultarem em erros de quantitativos, orçamentos, compras ou mesmo processos mal executados.

Por exemplo, caso os compartimentos, ambientes, ou níveis de um projeto sejam nomeados de modo indiscriminado, mesmo o planejamento da execução correrá risco. Do mesmo modo, ao especificar um componente, seja porta ou conexão, é necessário precisão, para que não se incorra em problemas na execução. Também as funções, ou seja, os profissionais que devem ser envolvidos em um processo, devem ser corretamente nomeados.

Mas essas definições não ocorrem de um modo imediato ou simultâneo, uma vez que acompanham a evolução da concepção do projeto. Se, inicialmente, temos uma parede divisória, progressivamente será definido que ela deve atender aos requisitos estabelecidos para o projeto e selecionado os materiais correspondentes, que por sua vez serão executados conforme processos definidos que exigem determinados profissionais.

Por isso os sistemas preveem conjuntos de tabelas segundo uma lógica hierarquizada preestabelecida, em que, no exemplo citado, temos paredes e em um nível seguinte os tipos de paredes e assim progressivamente.

Existem diversos sistemas de classificação, tanto internacionais como nacionais, cada um deles com objetivos um pouco diferentes. Alguns desses sistemas internacionais ou de outros países, como o MASTERFOMAT e o UNIFORMAT, estão incorporados em aplicativos de projeto como o REVIT ou o ARCHICAD.

No Brasil, temos sistemas de classificação de serviços, como o SINAPI[13] e o descrito nos manuais de obras públicas da SEAP,[14] entre outros aplicáveis de algum modo à construção da Nomenclatura Comum do Mercosul (NCM), um sistema de classificação de produtos para fins de tributação, obrigatório para a emissão de notas fiscais. Também são usados sistemas de códigos de barras e o *Global Trade Item Number* (GTIN),[15] um sistema privado bastante amplo, recomendado para a emissão de notas fiscais eletrônicas.

---

[13] Disponível em: https://www.caixa.gov.br/poder-publico/modernizacao-gestao/sinapi/Paginas/default.aspx. Acesso em: 16 mar. 2022.

[14] Disponíveis em https://www.gov.br/compras/pt-br/acesso-a-informacao/manuais/manual-obras-publicas-edificacoes-praticas-da-seap-manuais. Acesso em: 16 mar. 2022.

[15] O GTIN é gerido pela organização internacional GS1, ver https://www.gs1br.org/codigos-e-padroes/padroes-de-identificacao/gtin-identificacao-de-produtos. Acesso em: 22 ago. 2022.

Como são sistemas com objetivo determinado, eles não cumprem a função de identificação genérica. Códigos tributários limitam-se às categorias vinculadas à taxação, códigos de barras ou o GTIN, entretanto, são identificadores de produtos comerciais específicos. Eles têm uma função relevante nos processos de suprimentos e por isso muitas vezes serão requeridos como dados nos objetos BIM; porém, apenas depois de todo o processo de concepção propriamente dito, já na etapa de suprimentos. Durante a maior parte da projetação é necessária uma abordagem evolutiva, por isso a importância da classificação hierarquizada.

Estrutura e aplicação da norma

O sistema proposto pela ABNT foi elaborado com base no OCCS, um sistema internacional, com as devidas adaptações de produtos, materiais e processos comuns no mercado brasileiro, não sendo uma simples tradução. Prevê sete conjuntos de tabelas, cada uma voltada a uma classe de objetos ou propriedades, derivadas da ABNT ISO 12006-2.

Na norma (**Tabela 7.2**), podemos identificar três classes "primárias", complementadas por propriedades e caraterísticas da construção. Cada uma delas contempla subclasses.

Tabela 7.2 Agrupamento das classes na ABNT ISO 12006-2

Classe	Classificada de acordo com
Classes relacionadas com o recurso	
Informação da construção	Conteúdo
Componentes da construção	Função, forma, material ou qualquer combinação desses termos
Agente da construção	Disciplina ou o papel (participação), ou combinação destes termos
Apoio da construção	Função, forma, material ou qualquer combinação desses termos
Classes relacionadas com o processo	
Gestão	Atividade de gestão
Processo Construtivo	Atividade construtiva ou as etapas do processo construtivo dentro do ciclo de vida do processo de projeto e obra, ou qualquer combinação entre os termos
Classes relacionadas com o resultado	
Complexo de construção	Função, forma, material ou qualquer combinação desses termos
Unidade de construção	Função, forma, material ou qualquer combinação desses termos
Espaço construído	Função, forma, material ou qualquer combinação desses termos
Resultado da construção	Atividades realizadas para se obter o resultado construído, assim como os recursos utilizados
Classes relacionadas com as propriedades	
Propriedades construtivas	Tipo de propriedade

Fonte: ABNT ISO 12006-2:2018.

A partir desse conceito foram definidas as tabelas da norma de classificação, conforme a **Figura 7.5**.

Para facilitar o desenvolvimento e a publicação da norma, essas tabelas foram agrupadas em partes, algumas já publicadas, outras ainda aguardando a publicação:

- **Parte 1:** Terminologia e classificação (conceitos gerais), publicada em 2011.
- **Parte 2:** Características dos objetos da construção (Tabelas 0M – Materiais e 0P Propriedades), publicada em 2012.
- **Parte 3:** Processos da construção (Tabelas 1F – Fases, 1S – Serviços e 1D – Disciplinas), publicada em 2014.
- **Parte 4:** Recursos da construção (Tabelas 2N – Funções, 2Q – Equipamentos e 2C – Produtos), publicada em 2021.
- **Parte 5:** Resultados da construção (Tabelas 3E – Elementos e 3R – Resultados), aguardando publicação.
- **Parte 6:** Unidades da construção (Tabelas 4U – Unidades pela Função e 4A – Espaços pela Função), aguardando publicação; porém, existe uma proposta em desenvolvimento que deve incluir também as tabelas 4B – Espaços pela Forma e 4V – Unidades pela Forma, que possibilitam classificar as unidades da construção pela forma.
- **Parte 7:** Informação da construção (Tabela 5I – Informações), publicada em 2015, relaciona os diversos tipos de documentos e outras informações a serem intercambiadas.

Identificador de grupo	Tema	Assunto	Identificador do nível	Tabela
0	Características dos objetos	Materiais	M	0M
		Propriedades	P	0P
1	Processos	Fases	F	1F
		Serviços	S	1S
		Disciplinas	D	1D
2	Recursos	Funções	N	2N
		Equipamentos	Q	2Q
		Componentes	C	2C
3	Resultados da construção	Elementos	E	3E
		Construção	R	3R
4	Unidades e espaços da construção	Unidades	U	4U
		Espaços	A	4A
5	Informação da construção	Informação	I	5I

Figura 7.5 Tabelas da norma de classificação.
Fonte: ABNT ISO 12006-2:2018.

Cada parte tem usos específicos, mas existe um uso comum a todas: servir como terminologia, de modo a compor um "dicionário de termos autorizados". Desse modo, não haverá divergências entre as diferentes equipes de projeto, evitando-se que compartimentos, materiais, atividades e funções sejam denominados de modo aleatório. Para que essa diretriz seja efetiva, ela deve ser definida no Plano de Execução BIM, assim como os processos de gestão das denominações. Por exemplo, cabe ao arquiteto denominar os ambientes e compartimentos, ao projetista de climatização os espaços etc., publicando as denominações nos seus modelos e nas respectivas listas mestras,[16] seja em planilhas ou banco de dados.

Entre os usos específicos, destaca-se a especificação dos elementos (Tabela 3E) em substituição ou complemento à classificação MASTERFORMAT ou UNICLASS, que já são nativas de alguns aplicativos como o REVIT e o ARCHICAD, mas não são plenamente compatíveis com a realidade da construção no Brasil. A substituição ou inclusão da nova classificação é uma tarefa simples, no caso do REVIT, basta alterar o arquivo Keynote (nota-chave). Os arquivos de classificação de um projeto podem ser específicos, pois sendo a tabela da norma genérica podem ser criadas subclasses para uso exclusivo no projeto ou na organização.

Assim, onde a tabela prevê "Porta de girar" podemos definir subclasses, com o cuidado de não utilizar códigos destinados a outros elementos, como podemos ver na **Tabela 7.3**.

Tabela 7.3   Exemplo de subdivisão de elemento em subclasses

3E 20 02 04 00 00 00	Porta de girar
3E 20 02 04 00 00 10	Porta de girar com folha semioca
3E 20 02 04 00 00 20	Porta de girar com folha maciça

Desse modo, é possível uma granularidade mais fina nas especificações, o que auxilia na montagem de orçamentos ou nas especificações de serviços, materiais e componentes que vão compor o caderno de encargos.

O uso dessas tabelas individualizadas deve ser restrito a uma organização ou projeto, ou tipo de projeto em uma organização e estabelecido no Plano de Execução BIM.

Esse procedimento de criação de subclasses pode ser adotado também para as demais tabelas, seja a 2CProdutos, 2C, utilizada para os suprimentos, ou a 1S Serviços, usada no planejamento e orçamento, funções previstas na organização etc.

---

[16] A lista mestra sob responsabilidade do projetista pode ser resumida em planilhas no aplicativo de projeto de modo a se manter permanentemente atualizada e publicada por meio de *link* dinâmico.

Porém, o uso das tabelas pode e deve ser combinado, pois esse sistema de classificação é facetado[17] e os seus dados são complementares, de modo a obter especificação mais precisa de um objeto BIM.

A plena definição de um objeto é obtida pela agregação de facetas definidas. Para produtos para construção, por exemplo, é possível utilizar as tabelas de "Componentes" + "Elementos" + "Informação (de produtos)". O modo de utilizar essas combinações varia conforme o aplicativo de projeto utilizado,[18] e preferencialmente deve ser definido no Plano de Execução BIM.

---

[17] Para uma descrição mais detalhada da aplicação da classificação faceta na construção, consultar: Amorim, Peixoto; Desenvolvimento de terminologia e codificação de materiais e serviços para construção. *In:* Bonin, L. C.; Leusin de Amorim, S. R. (eds.). *Inovação tecnológica na construção habitacional*. Porto Alegre: ANTAC, 2006 (Coleção Habitare, v. 6), disponível em: http://www.habitare.org.br/pdf/publicacoes/ct_6_comp.pdf. Acesso em: 17 mar. 2022.

[18] Exemplos e roteiros de aplicação da norma no REVIT estão apresentados no documento *Conheça e trabalhe com as normas brasileiras para BIM*, da AUTODESK, disponível em: https://forums.autodesk.com/autodesk/attachments/autodesk/311/8707/1/Conhe%C3%A7a_e_trabalhe_com_as_normas_brasileiras_para_BIM_R5_2020_11.pdf. Acesso em: 17 mar. 2022.

Capítulo 8

ISO 19650

Visão geral da norma. Contexto normativo. Atores e requisitos de informação e do ACD. Descrição dos processos de gestão de informação.

CONTEXTO E ESTRUTURA DA NORMA

A norma ISO 19650, *Organization of information about constructions Works – Information management using building information modelling*, cuja primeira parte, publicada em 2018, pode ser considerada um marco para a "gestão da informação da construção", pois define claramente esse processo. Ela é constituída por seis partes, das quais apenas a sexta ainda não foi publicada até novembro de 2022:

- Parte 1, Conceitos e princípios.
- Parte 2, Fase de entrega dos ativos.
- Parte 3, Fase de operação dos ativos.
- Parte 4, Intercâmbio de informações.
- Parte 5, Abordagem de segurança na gestão da informação.
- Parte 6, Saúde e segurança (em desenvolvimento).

Em maio de 2022 foi publicada a tradução brasileira das partes 1 e 2, a ABNT NBR ISO *Organização e digitalização de informações de ambientes construídos e obras de engenharia civil, incluindo modelagem da informação da construção (BIM) – Gerenciamento de informações usando modelagem da informação da construção.*

Essa norma abrange todo o ciclo de vida da edificação, desde a incepção até o descomissionamento, demolição ou reúso e pode ser aplicada aos empreendimentos que esteja conforme com o nível de maturidade 2, como descrito na seção Estágios de maturidade BIM do Capítulo 3, ou seja, em processo de projeto com uso de modelos federados.

Embora possa ser usada de modo isolado, essa norma deve ser compreendida como parte de um conjunto mais amplo de normas correlatas que se complementam, conforme mostra o esquema de relacionamento representado na **Figura 8.1**.

O escopo da NBR ISO 19650 parte 1 é descrever "*os conceitos e princípios para o gerenciamento de informações em um estágio de maturidade descrito como 'modelagem da informação da construção (BIM) de acordo com a série ISO 19650'*". A parte 2 "*especifica os requisitos para a gestão de informações, na forma de um processo de gestão, dentro do contexto da fase de entrega dos ativos e das trocas de informações dentro dele, usando a modelagem de informações da construção*".

Essas duas partes consolidam o processo de gestão da informação em projetos que utilizem BIM, mas não devemos perder de vista que essa gestão é uma parte do desenvolvimento de um empreendimento, em que coexistem os processos de concepção, de gestão da organização e a gestão da informação, como contextualizado na apresentação da norma, reproduzida na **Figura 8.2**.

No desenvolvimento do empreendimento, o processo de concepção se interrelaciona diretamente com a gestão da informação. Embora interdependentes, são dois processos diferentes, cada um com características próprias. Ambos estão imersos na gestão do empreendimento e da organização, com forte troca de informações (**Figura 8.3**).

A **Figura 8.4** mostra um exemplo dessa interação, que varia conforme as organizações envolvidas e muitas vezes conforme a tipologia do projeto em desenvolvimento. Essa interação não é totalmente padronizada, pois projetos são únicos por natureza.

A gestão da informação está contida na gestão do empreendimento que, por sua vez, é parte da gestão da organização, ou seja, as informações geradas na fase de entrega serão acessadas para ambas as finalidades.

Conforme a finalidade de uso, as informações necessárias serão organizadas de modo diferente com uso de diversos MVDs, para não haver perda de dados ou precisão para a tarefa ensejada, pois a padronização de protocolos viabiliza a interoperabilidade e a colaboração.

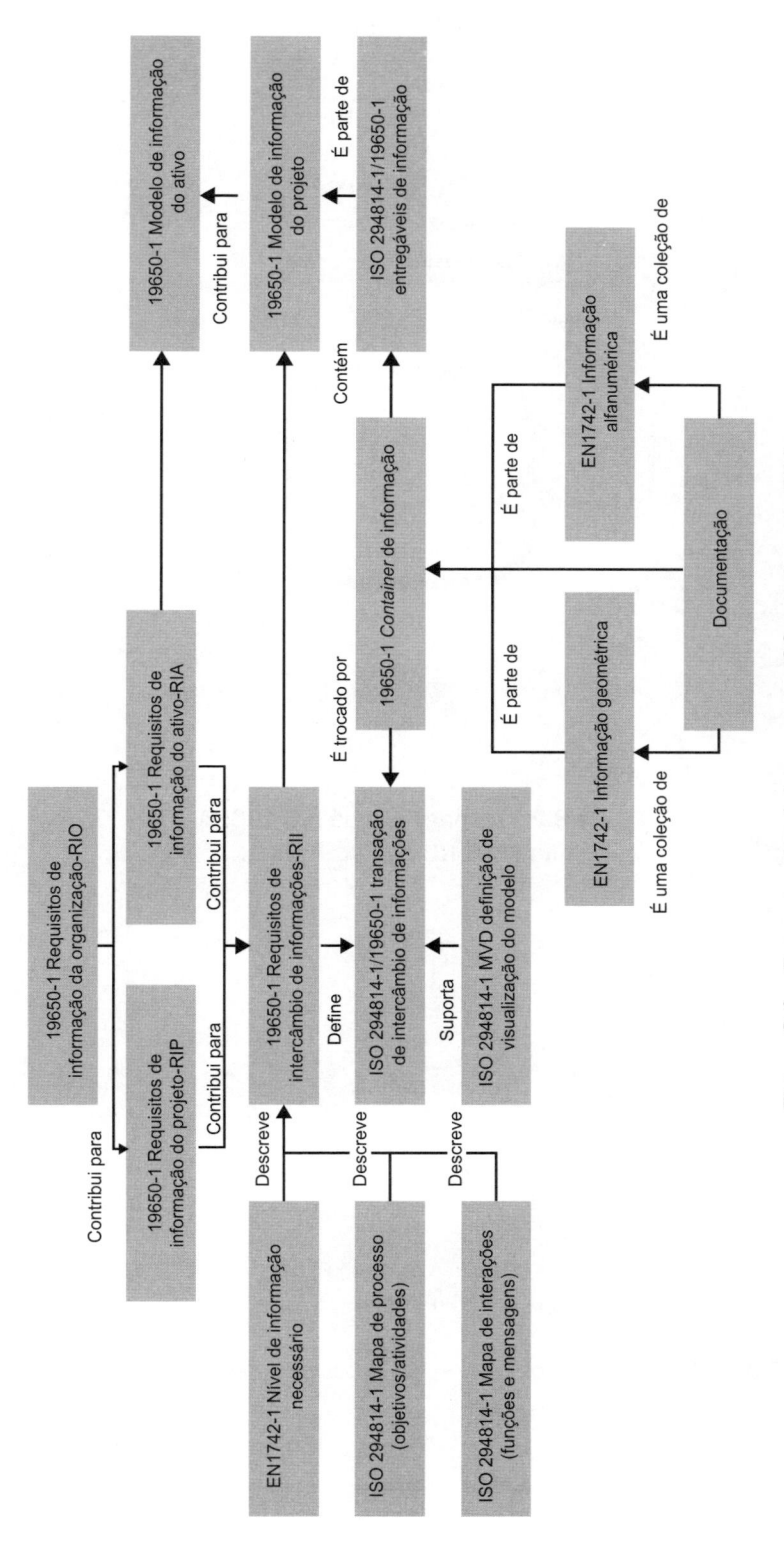

Figura 8.1 Esquema geral das normas ISO relativas ao BIM.
Fonte: adaptada de: EN 1742-1.

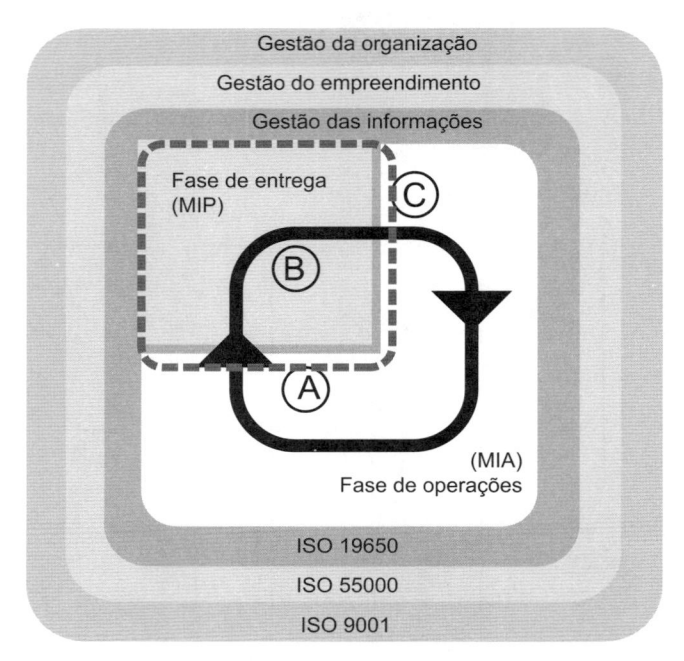

Figura 8.2 Abrangência da ISO 19650.
Fonte: ABNT NBR ISO. 19605-1.

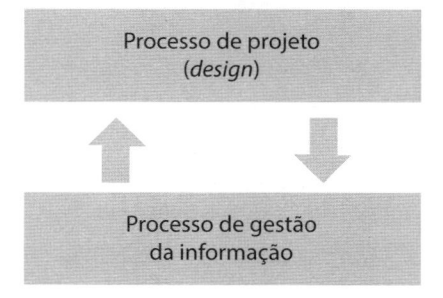

Figura 8.3 Interação entre os processos de *design* e de gestão da informação.

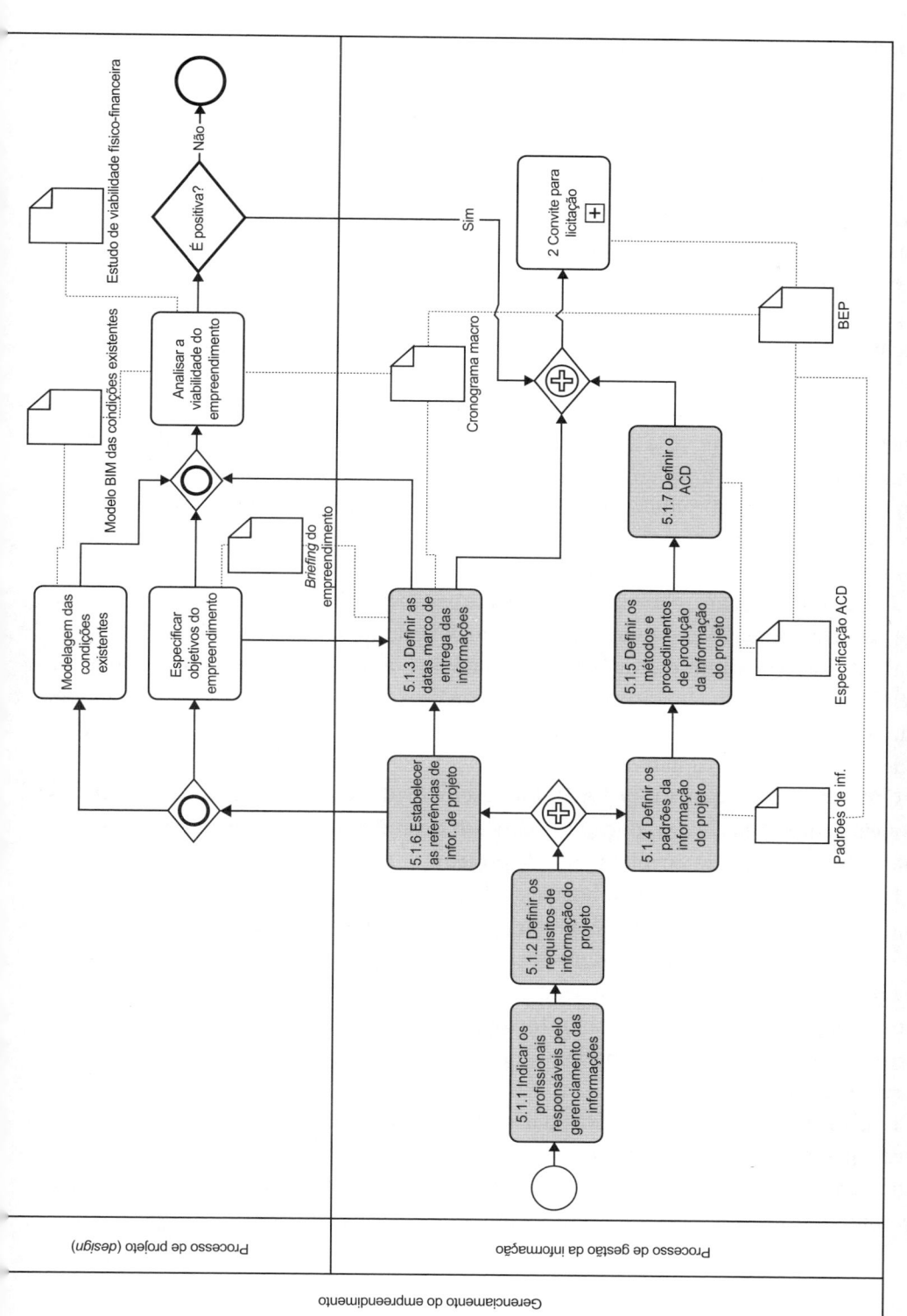

Figura 8.4 Exemplo de relacionamento entre gestão da informação e gestão do empreendimento. Fonte: adaptada a partir da NBR ISO 19650-2.

CONTEXTO NORMATIVO

Em qualquer norma, o texto deve ser genérico, pois será aplicado a contextos muito variados. Por isso, as recomendações e os requisitos muitas vezes exigem interpretações de seu significado em uma situação concreta. Isso é ainda mais relevante quando se trata de sua aplicação no plano nacional, tanto que a ISO prevê que sejam desenvolvidos anexos nacionais, que podem esclarecer pontos específicos da realidade do país, por exemplo com relação a sistemas de classificação ou de orçamentação. Ao longo do tempo serão estabelecidas boas práticas locais, mas até que isso ocorra devemos atuar com atenção e ouvindo todas as partes interessadas, pois as definições devem ser em comum acordo.

Neste texto, procuramos esclarecer os pontos gerais da norma, porém eles devem ser aprofundados tendo em vista o contexto em que ela será aplicada. Isso é particularmente importante no caso brasileiro, pois ainda não temos essas boas práticas estabelecidas, tampouco casos de uso publicados ou referenciados em artigos acadêmicos. Além disso, sendo uma norma extensa, com um universo de aplicação vasto e diferenciado, a sua consolidação deve exigir alguns anos.

Um dos fatores que frequentemente causa estranheza e leva a enganos quem consulta a norma pela primeira vez é a sua terminologia. Por exemplo, "ativo" no idioma português é mais utilizado no sentido econômico ou contábil, mas no contexto da norma pode ser entendido como qualquer edificação, seja um prédio ou uma rodovia. Do mesmo modo, os diferentes intervenientes no processo de gestão de informação devem ser contextualizados, como veremos adiante.

Outro aspecto é que a ISO 19650 foi desenvolvida tendo em mente as realidades europeia e americana, e a tradução às vezes esbarrou em dificuldades idiomáticas e do contexto nacional do desenvolvimento de projetos.

É frequente ouvirmos que a norma só é aplicável aos casos de subcontratação de projetos, o que não é correto. Isso ocorre porque os termos utilizados (p. ex., contratante e contratado) podem efetivamente levar a alguma confusão, em especial no caso da descrição dos atores, ou seja, os intervenientes nos processos. Também, os nomes dos processos de gestão da informação, por repetirem alguns nomes de processos e etapas da concepção, podem causar equívocos. E todos devem estar atentos a essas diferenças.

Finalmente, cabe lembrar uma regra relativa a qualquer norma, segundo a qual o termo "*deve*", quando aplicado, sempre está no sentido de obrigatório, um requisito que será exigido em uma eventual certificação. Mas também existem casos de "*recomendação*", em que uma solução é sugerida, mas sem o caráter de obrigatoriedade.

ATORES DO PROCESSO

A norma prevê as seguintes categorias de intervenientes nos processos de gestão de informação:

- **Cliente** (*client*): é o responsável por iniciar o projeto, aquele que demanda o projeto e aprova o descritivo daquilo que se pretende com o projeto (*briefing*).
- **Contratante** (*appointing party*): aquele que vai receber as informações produzidas. Cliente e contratante podem ser a mesma organização, mas frequentemente existe uma empresa gerenciadora para o papel de contratante do projeto. No caso de organizações que desenvolvam os projetos internamente, o contratante é o responsável pela designação dos responsáveis pelo desenvolvimento das atividades do projeto, em geral um diretor ou gerente, ou em grandes empresas, uma diretoria ou gerência.
- **Contratado**: aquele que será o fornecedor da informação. No caso de organizações que desenvolvam os projetos internamente, o contratado será um departamento e o responsável, o seu gerente. Ocasionalmente podem existir subcontratados. Na maioria dos projetos existem diversos "contratados", cada um responsável por uma disciplina, tanto no caso de desenvolvimento interno como nas subcontratações.
- **Equipe de entrega**: aqueles que compõem a parte da organização do contratado responsável pela produção da informação e que, no caso de projetos de maior porte, costuma ser composta por diversas **equipes de tarefas**, cada uma encarregada de partes e funções predefinidas. Tipicamente, as diferentes disciplinas que compõem um projeto serão atribuídas a equipes de entrega, que podem internamente serem compostas por diversa equipes de tarefas, em composição variável conforme a complexidade do empreendimento e ao longo de suas etapas.

As interfaces entre esses atores costumam ocorrer de forma hierarquizada, pois a princípio a comunicação entre disciplinas ocorre pelos respectivos coordenadores, enquanto entre os membros de uma mesma equipe de entrega é direta. Esse aspecto deve ser considerado quando for estabelecida uma plataforma de colaboração, que será abordada adiante (**Figura 8.5**).

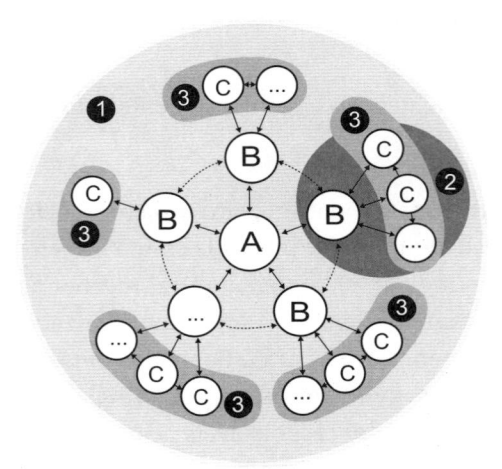

A   Contratante
B   Coordenador do contratado
C   Contratado
…   Número variável
1   Equipe de projeto
2   Equipe de entrega
3   Equipe de tarefa
Requisitos de informação e troca de informação
Coordenação de informação

Figura 8.5   Interfaces entre as partes e as equipes para fins de gestão da informação.
Fonte: ABNT ISO 19650-2:2021.

REQUISITOS DE INFORMAÇÃO E MODELOS RESULTANTES

Um ponto-chave da norma é a definição de requisitos de informação e os modelos resultantes. São estabelecidos em quatro tipos de requisitos de dois de modelos de informação:

- **Requisitos de informação da organização – RIO** (OIR, *organizational information requirements*, no texto original): definem as informações necessárias para responder aos objetos estratégicos do proprietário ou operador da edificação. Exemplos: investimento esperado na construção ou para a operação, níveis de conforto, impactos esperados, consumo de carbono e outros insumos ambientais etc. que podem ser considerados como metas do projeto
- **Requisitos de informação do projeto – RIP** (PIR, *project information requirements*, no texto original). Consistem no desdobramento das metas em indicadores mensuráveis para o empreendimento em questão, em geral abrangem tanto aspectos econômicos (p. ex., custo médio/m², exposição de caixa) como outros aspectos (p. ex., prazos de execução, indicadores de conforto ambiental ou de tráfego)

- **Requisitos de informação do ativo – RIA** (ou seja, do empreendimento; AIR, *asset information requirements*, no original): relativos às informações necessárias para a gestão e a operação da edificação, incluindo por exemplo o *as built* (projeto como construído) e também informações dos equipamentos instalados, garantias, manuais, bem como informações jurídicas, entre outras. Esses requisitos orientam a elaboração do modelo de informação do ativo

- **Requisitos de troca de informação – RTI** (EIR, *exchange information requirements*, no original): especificam como deve ocorrer a interação entre os participantes, quais aplicativos e formatos de arquivos podem ser aceitos, qual o nível de informação desejado para cada etapa e disciplina, entre outros aspectos. Esses requisitos orientam a elaboração do modelo de informação do projeto

- **Modelo de informação do projeto – MIP** (PIM, *project information model*, no original): o *"conjunto de informações estruturadas e não estruturadas"*[1] que vão compor as entregas do empreendimento e inclui os diversos modelos BIM e dados e informações associadas, como vídeos, imagens etc. na forma especificada pelo RTI e de modo a atender ao RIP

- **Modelo de informação do ativo – MIA** (AIM, *asset information model*, no original): o conjunto de informações necessárias para a operação da edificação, na forma especificada pelo RIA e de modo a atender ao RIO.

A **Figura 8.6** apresenta o esquema das relações entre esses conjuntos de informação, que podem ser constituídos por diversos documentos, e que farão parte do Plano de Execução BIM ou serão entregáveis das disciplinas do projeto.

Figura 8.6   Requisitos e modelos de informação.
Fonte: adaptada de: ISO 19650-1:2018

---

[1] Exemplos de dados não estruturados: imagens, textos corridos, áudios.

Na prática, os requisitos de informação da organização devem estar descritos no *briefing* do empreendimento e consolidados no Plano de Execução BIM Fase 1. Infelizmente, no Brasil é raro encontrar bons exemplos desses tipos de documento, pois mesmo em obras complexas é comum que haja apenas especificações genéricas e subjetivas, quando ele deve conter indicadores mensuráveis para a obra desejada. Na área pública, os Manuais SEAP fornecem orientação bastante genérica e estipulam que deve ser parte da licitação o Caderno de Encargos, contendo, entre outras diretrizes, o Programa de Necessidades. Porém, não fazem referência a quais indicadores de desempenho devem ser utilizados, tampouco quais seriam os resultados esperados.

Em uma configuração ideal, o conjunto de requisitos gerais de desempenho para a edificação deve ser estipulado antes da contratação do projeto e vai ser parte da Fase 1 do Plano de Execução BIM. Após este evento e da contratação da equipe de projeto, esta deve detalhar como os requisitos gerais serão alcançados, o que será descrito na Fase 2 do Plano de Execução BIM, como ilustra a **Figura 8.7**. Porém, cada empreendimento é sempre específico, e detalhar as etapas, seus objetivos e entregáveis pode variar bastante. Em projetos complexos podem existir mais etapas; nos mais simples, elas serão reduzidas e o conteúdo e o nível de informação de cada uma deve ser estabelecido no planejamento do projeto.

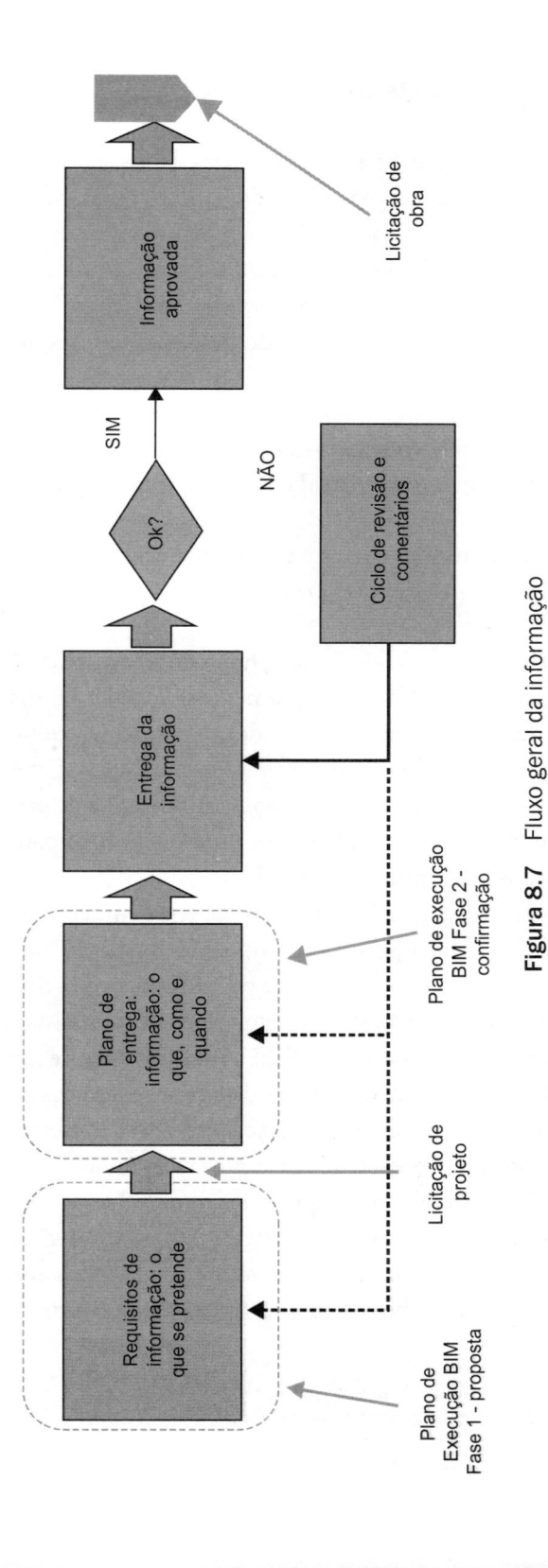

Figura 8.7 Fluxo geral da informação

AMBIENTE COMUM DE DADOS (ACD/CDE)

Um ponto-chave do processo BIM é a integração dos dados, a possibilidade de acesso simultâneo, porém controlado, a uma base de dados com todas as informações das diversas disciplinas envolvidas. Denominada na ISO 19650 Ambiente Comum de Dados – ACD (*Common Data Environment* – CDE),[2] esse sistema tanto pode estar instalado em um servidor local como em rede externa ou em servidor "na nuvem", e deve ser acessível de modo controlado por todos os participantes do projeto. É um requisito da norma, portanto de uso obrigatório em "projetos BIM".

O objetivo central dessa prática é que a informação seja gerada uma única vez e reutilizada tanto quanto necessária por todos os participantes da cadeia de produção, bem como garantir sua confiabilidade e integridade até a entrega da edificação ao responsável pela sua operação.

Para isso, devem ser definidas regras e procedimentos específicos, referenciados no Plano de Execução BIM, o qual deve ser como anexo aos contratos com os participantes do projeto.

Embora o "modelo federado" seja parte fundamental desses dados, a base de dados não se resume a ele, pois outros tipos de documentos devem estar disponíveis, como especificações, ordens de compra, garantias e dados para operação e manutenção da edificação etc. Eles podem ser coordenados de diversas formas, até por meio de *links* inseridos no modelo BIM, mas são preferíveis os sistemas centralizados de gestão de documentos (GED), capazes tanto de ler diretamente dados no modelo BIM como coordenar e vincular dados externos aos elementos desse modelo.

Existem vários sistemas, com diferentes abordagens de integração de dados, que são uma alternativa à ideia básica de inserir todo o tipo de informação diretamente no modelo BIM.[3] Ainda que isso seja possível, na realidade é pouco prático, pois o acesso deve se dar por meio de aplicativos caros, e os arquivos de projeto se tornam excessivamente grandes, o que dificulta seu manuseio. Conectar o modelo BIM a bases de dados externas que sejam permanentemente vinculadas aos elementos do modelo revelou-se uma estratégia mais eficaz. Ela permite interfaces simples e acessos por navegadores *web* e, mesmo que dependam de sistemas de alta capacidade de processamento em nuvem, apresentam menores custos totais.

Embora a norma ISO 19650 estipule que *o contratante deve estabelecer (implementar, configurar e dar suporte)* o ACD,[4] ela permite a subcontratação, desde que *separada da execução do projeto e antes da licitação ou designação da equipe de entrega*. Porém, temos visto vários casos em órgãos públicos e até mesmo na área privada em que, por motivos

---

[2] Em tradução livre, "ambiente comum de dados".
[3] Embora esta seja uma área em ebulição, podemos citar Zutec, dRofus, CodeBook e Plannerly, cada um com seu enfoque diferenciado.
[4] Conforme ABNT NBR ISO 19650-2:2022.

de dificuldades de contratação, ele foi fornecido pelo projetista ou pela gerenciadora do projeto. Nesses casos, essa condição deve ser previamente estipulada, assim como a futura transição ao término do projeto das informações geradas ao longo do seu desenvolvimento e, se for o caso, da obra, para uma base de dados do contratante. Porém, essa transição sempre será um fator de risco, pois o contrato com a gerenciadora ou projetista pode ser extinto antes que isso ocorra.

Selecionar e especificar qual o sistema deve ser adotado passa por diversos critérios, pois quanto maior for o número de funções e o porte do projeto, maior será o custo. São sistemas alugados, normalmente em regime de SAS (*software as service*, que inclui serviços de suporte) e que devem permanecer disponíveis por prazos extensos, algumas vezes ao longo da vida útil da edificação, para a gestão e a manutenção, com custo total expressivo. Transpor os dados de um sistema para outro é uma tarefa fácil, exige prazos, investimento e está sujeita a erros, portanto o extremo cuidado na seleção do sistema a ser utilizado.

A norma exige um conjunto de requisitos básicos para o ACD e o respectivo processo de utilização:

- Controle de acesso por usuário no nível de cada "contêiner de informação" (em geral, arquivos eletrônicos).
- Metadados de cada "contêiner de informação".
- Controle de estado dos "contêineres de informação" e capacidade de transição entre os estados, com registro dos responsáveis e datas de cada alteração.
- Controle de revisões e/ou versões.
- Padrão de nomenclatura documentado, com codificação única dos "contêineres de informação".

O controle de estado é um ponto básico, sendo exigidos pela norma a diferenciação entre:

- Trabalho em andamento, quando a informação está em desenvolvimento e ainda não é visível para todas as partes.
- Compartilhado, quando as informações estarão disponíveis para outras equipes e contratante.
- Publicado, quando a informação está autorizada para os usos definidos.
- Arquivado, que incluiu os registros de transações necessários para auditorias futuras e que deve ser preservado conforme o plano de temporalidade (prazo de guarda de cada documento conforme seu tipo e finalidade) das organizações envolvidas.

A transição entre esses estados deve ser controlada conforme estabelecido no planejamento do projeto e descrita em um documento, o Plano de Execução BIM, detalhado no Capítulo 5 deste livro (**Figura 8.8**).

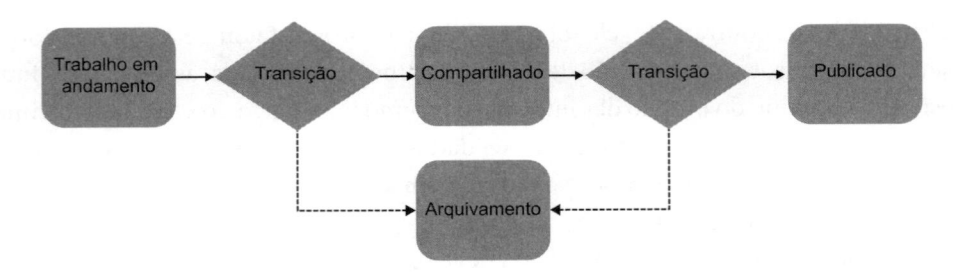

Figura 8.8 Fluxo entre estados de arquivos

Deve-se estabelecer a responsabilidade por cada transição; por exemplo, a passagem para o estágio "Compartilhado" pode ser efetuada pelo autor, já a sua publicação depende de análise e aprovação pelo coordenador do contratante. Também devem-se estabelecer no Plano de Execução BIM os requisitos para cada tipo ou categoria de documentos e arquivos a cada etapa e mesmo disciplina.

Os requisitos podem ser simples, como no caso dos formatos aceitos para os arquivos para a coordenação (p. ex., em IFC), mas também devem refletir os objetivos e entregáveis das disciplinas em cada etapa. Regras para a verificação ao atendimento dos requisitos devem ser claras e previamente estabelecidas, mas não fazem parte do ACD, ainda que algumas delas sejam possíveis de terem verificação automatizada, como no caso da nomenclatura de arquivos.

O detalhamento dos requisitos pode variar conforme a complexidade dos projetos e das organizações envolvidas. Equipes com bom histórico de cooperação podem ter definições mais simples, pois já contam com suas boas práticas anteriores. Por isso, existem diversos modelos de Planos de Execução BIM, com veremos mais adiante.

Para a seleção do sistema de ACD ser efetuada uma comparação entre as funcionalidades e os custos de cada sistema de ACD disponível, considerando ainda a responsabilidade de sua implementação e manutenção.

Para a seleção do sistema de ACD, deve ser efetuada uma comparação entre as funcionalidades e os custos de cada sistema de ACD disponível, considerando ainda a responsabilidade de sua implementação e manutenção.

Como o ACD é parte de uma plataforma de colaboração, essas funcionalidades costumam ir muito além dos requisitos básicos da norma ISO 19650, visto que, muitas vezes, devem contar com sistemas de gestão de fluxos de processos característicos dos sistemas GED (gestão eletrônica de documentos) e formas de integração com o ERP da organização contratante, entre outras.

A ISO 19650 não tem requisitos específicos sobre folhas gráficas, mas elas também são "contêineres de informação". Porém, manter a coerência entre os dados dos modelos e as folhas gráficas dele extraídas não é uma tarefa fácil, automatizada. É possível estabelecer regras e deixar claro de que modelo e em que data a folha foi extraída, pois essa informação pode estar gravada na própria folha; entretanto, isso não é uma garantia absoluta. E os sistemas de

GED atuais não correlacionam diretamente a folha ao modelo do qual ela teria sido emitida. Alguns ACD permitem a inserção de PDFS nos planos de referência, sejam planta-baixa, corte ou fachada, mas nesse caso é preciso ter apenas uma representação por prancha, sendo um requisito que terá que ser especificado no Plano de Execução BIM e que tem diversas implicações, inclusive nos custos de plotagem. Ainda que desenhos impressos sejam cada vez menos usados, por algum tempo eles ainda serão o principal meio de comunicação no canteiro.

PROCESSOS DE GESTÃO DE INFORMAÇÃO

A norma apresenta o macroprocesso de gestão da informação, subdividido em oito processos, representado na **Figura 8.9**. Na maneira mais usual, os processos D, E e F serão aplicados em separado conforme os contratos para desenvolvimento das diferentes disciplinas envolvidas no projeto e podem passar por revisões. Por isso, a retroalimentação indicada pela letra A, que corresponde ao modelo de informação atualizado, em geral o conjunto de modelos BIM que compõem o modelo federado. Entretanto, na maioria dos casos, essa atualização prescinde de nova contratação e ocorre apenas entre os processos 6 e 7.

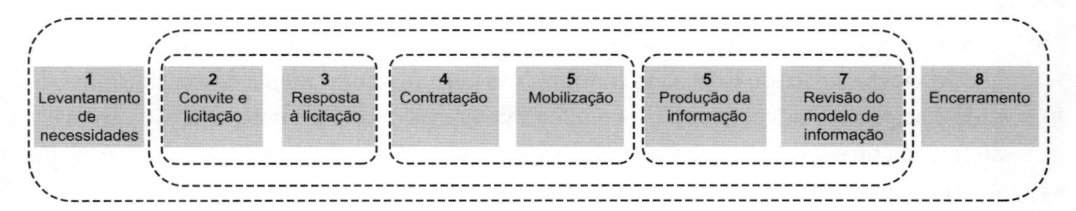

A – Modelo de informação atualizado.
B – Atividades realizadas no projeto.
C – Atividades realizadas durante o contrato geral.
D – Atividades realizadas durante a licitação de cada contrato.
E – Atividades realizadas durante o planejamento de cada contrato.
F – Atividades realizadas durante a produção de informação de cada contrato.

Figura 8.9 Macroprocesso da gestão da informação.
Fonte: adaptada de: ISO 19650-2.

Todos esses processos devem ser vinculados ao gerenciamento do empreendimento, e a inserção e o relacionamento com outras atividades e documentos devem ser objetos do planejamento geral do projeto, não sendo objeto de descrição por essa norma. A **Figura 8.4** mostra um exemplo de possível relacionamento entre os dois processos, mas cada organização pode ter diferentes modos de tratar essas atividades e definir outros documentos e entregáveis de etapa.

Embora os títulos dos processos possam levar a equívocos e alguma confusão com as etapas do empreendimento, frisamos que são processos diferentes ainda que interligados, como veremos ao longo da análise dos subprocessos a seguir.

Levantamento de necessidades

Embora com o mesmo nome de uma etapa comum em projetos, o foco nesse caso são as necessidades da gestão de informação, sendo em primeiro lugar necessário:

- Definir as tarefas correlatas e seus responsáveis, assim como quais autoridades serão delegadas, bem como considerar a competência necessária para seu bom desenvolvimento.

  Este subprocesso também inclui:

- As definições dos requisitos básicos de informação do projeto, ou seja, qual o nível de informação desejado para cada etapa do projeto – ainda que seja nesse momento de um modo genérico, por exemplo *"os entregáveis do projeto básico devem permitir uma análise da compatibilização física dos sistemas da edificação, exclusive ramais secundários"* entre outros aspectos.
- Quais padrões deverão ser utilizados, ou seja, quais formatos de arquivos serão aceitos para as finalidades previstas.
- As normas aplicáveis aos processos de gestão de informação, como a ISO 19650 e o(s) sistema(s) de classificação a ser(em) adotado(s).
- Os métodos e processos de produção de informação, em geral um procedimento técnico que descreva o processo de projeto comum. Não julgamos conveniente descer a detalhes de cada disciplina, pois cada projetista tem competências e recursos particulares e cabe a ele definir seu processo interno, desde que respeite o macroprocesso previsto para o projeto.
- As informações de referência e os recursos compartilhados, como nuvens de pontos, levantamentos topográficos ou bases de dados preexistentes etc.
- A definição do ACD a ser utilizado, ou seja, selecionar o fornecedor e definir o modelo e responsabilidade de contratação e operação. O ACD deve atender aos requisitos mínimos definidos pela norma, conforme descrito adiante.
- A definição do protocolo de informação do projeto, o conjunto de dados necessários para a comunicação entre as partes. Na maioria dos casos, isso pode ser resumido na definição dos canais de comunicação aceitáveis para os diferentes documentos e as condições de validação de acesso e de documentos.

Destacamos que precede esta atividade a definição dos objetivos e recursos básicos disponíveis para o empreendimento, pois são as metas gerais de investimento, de prazos e desempenho da edificação que vão orientar essas definições.

A saída desse processo será documentada na proposta inicial do Plano de Execução BIM, Fase 1, mas alguns documentos devem ser estabelecidos anteriormente, como a designação de responsáveis e a especificação do ACD, como ilustra o exemplo de fluxo da **Figura 8.10**. Além disso, esse documento deve ser visto no contexto da organização, em que os métodos e processos de produção de informação (que constam na lista anterior) podem ser constituídos pelo *"BIM mandate"* da organização.

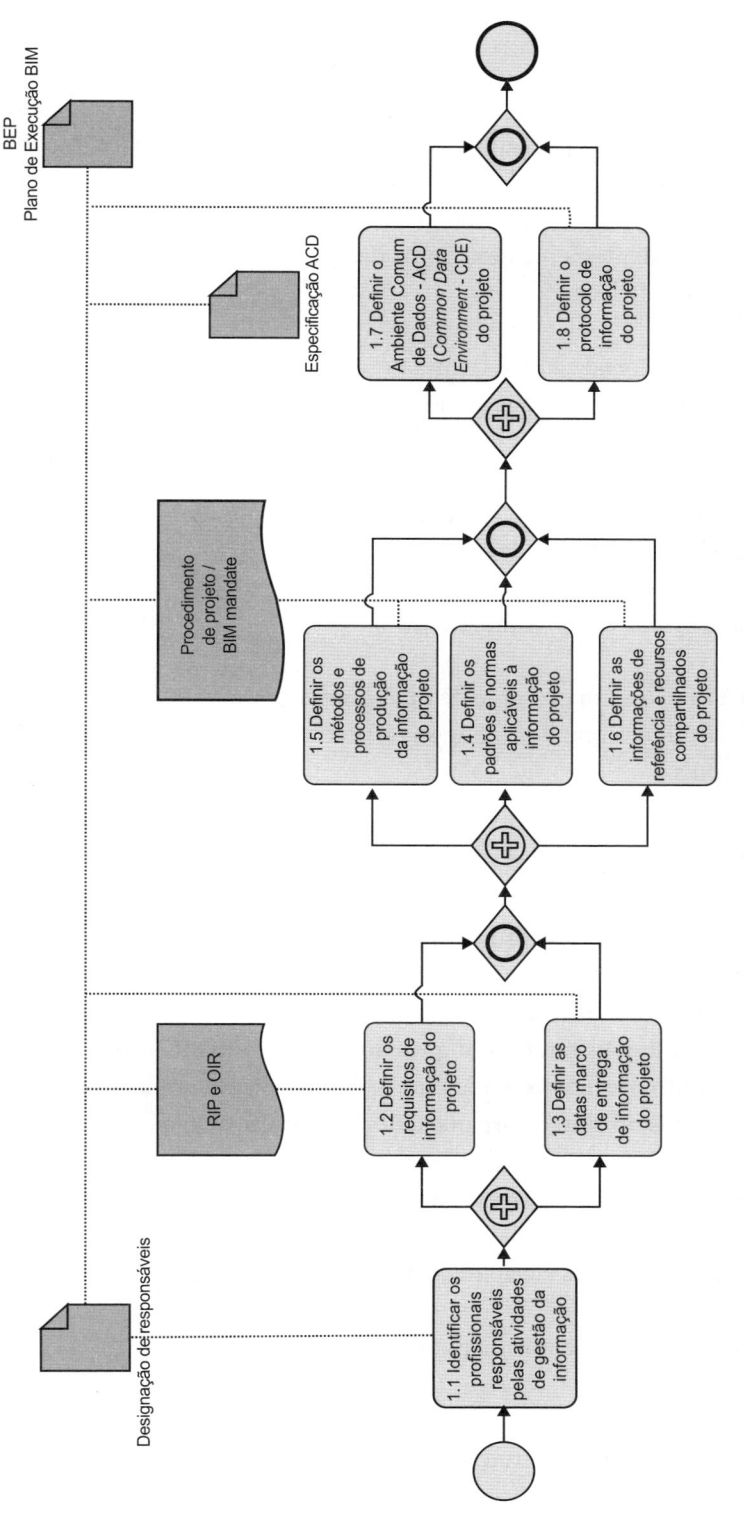

Figura 8.10 Levantamento de necessidades.
Fonte: adaptada de: ISO 19650-2.

Convite à licitação

O título da norma para esse processo tem ensejado alguns equívocos, como entender que a norma só pode ser aplicada por aqueles que subcontratam os projetos, mas esse processo é na verdade uma compilação dos requisitos que se espera da equipe de entrega a ser alocada no projeto, seja por contratação externa, seja por designação interna.

Para isso, independentemente de ser uma designação interna ou a montagem de uma licitação, é preciso estabelecer:

- Os requisitos de informação relativos à organização contratante, os necessários para a gestão dos seus ativos e os que serão usados na gestão do projeto.
- As informações e os recursos compartilhados, que já devem estar disponíveis no ACD.
- No caso de licitação externa, os critérios de avaliação.
- As datas marco do projeto, um cronograma geral estimado.
- O procedimento de processo de projeto definido, ou BIM Mandate, que pode incluir um modelo padrão de informação.
- O protocolo de informação estabelecido.

A **Figura 8.11** ilustra um exemplo de fluxograma dessa etapa, considerando um caso de reforma ou *retrofit* em que o projeto seja licitado e já esteja disponível o modelo das condições existentes.

Resposta à licitação

Como no processo anterior, aqui também convém esclarecer que a norma inclui os casos de designação interna. Certamente, nesses casos, boa parte das atividades aqui descritas serão muito simplificadas, mas os pontos listados devem ser considerados para avaliar se o profissional vai receber as tarefas em questão tem as competências necessárias. Nessa situação, alguns pontos deverão ser adaptados, como no caso do detalhamento do Plano de Execução BIM, pois no caso de organizações que desenvolvem o projeto internamente a equipe de entrega deve participar de sua elaboração desde o início e nesse processo não fará sentido uma reavaliação da proposta.

E convém destacar que esse Plano é o resultado de um processo de negociação, por isso ao longo dos fluxogramas ele aparece diversas vezes, são pontos que podem ocorrer revisões do Plano.

As atividades listadas pela norma para este processo incluem:

- Definir os profissionais responsáveis pela gestão da informação da equipe de entrega, ou seja, os encarregados das funções vinculadas à verificação de modelos, gerenciamento de arquivos etc.

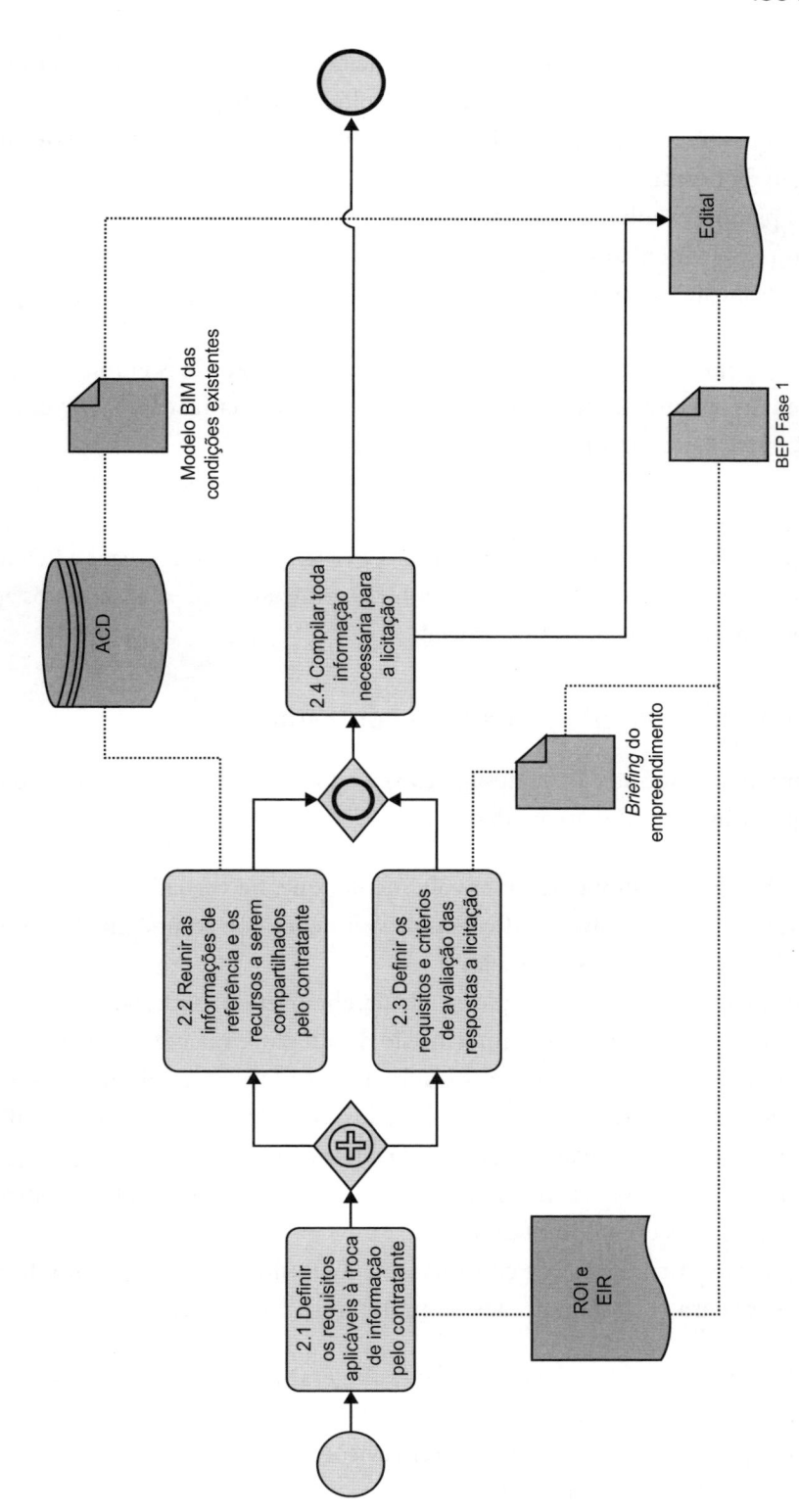

Figura 8.11 Convite para licitação.
Fonte: adaptada de: ISO 19650-2.

- Rever o Plano de Execução BIM e, no caso de licitações, montar a sua proposta, em que o destaque deve estar na metodologia das soluções indicadas.
- Definir as competências da equipe de desenvolvimento do projeto (equipe de entrega, no jargão da norma).
- Propor um plano de mobilização dessa equipe.
- Analisar os riscos vinculados à equipe de desenvolvimento.
- Compilar a resposta ao convite ou licitação.

No caso de equipe interna, essas atividades podem ser resumidas em um conjunto de documentos ou mesmo em único documento, mas a formalização é conveniente. A **Figura 8.12** mostra um exemplo desse fluxograma.

Outro aspecto relevante a considerar é que raramente a equipe de desenvolvimento é de apenas uma organização. Na maior parte dos casos são de diversas organizações, cada uma especializada em uma disciplina. Desse modo, existem várias "respostas à licitação" e cabe ao contratante ou à gerenciadora contratada harmonizar os questionamentos apresentados ao seu Plano de Execução BIM inicial.

Processo de gestão da informação na contratação

Uma vez confirmada a contratação ou designação da equipe de desenvolvimento do projeto, a norma prevê as seguintes atividades:

- Aprovação do BEP da equipe de desenvolvimento, que, na verdade, é um processo de negociação que vai envolver as diversas organizações que compõem essa equipe, ou seja, as diferentes "equipes de tarefas".
- Definição da matriz de responsabilidade detalhada, abrangendo os entregáveis previstos.
- Definição dos requisitos de troca de informação detalhado. Uma vez que, nesse ponto, já existe a definição da equipe completa. Os aplicativos e os processos de intercâmbio de informações e dados também podem ser detalhados, considerando os casos específicos.
- Definição do cronograma de entregas de cada equipe de tarefa.
- Propor o Plano de Entrega da Informação, contendo a vinculação entre as entregas das equipes de tarefas e suas predecessoras.
- Complementar os documentos de contratação e incluí-los em um processo de controle de versões para que sejam usados no monitoramento do projeto.

Como saídas desse processo, teremos o contrato geral e subcontratos consolidados e o Plano de Execução BIM Fase 2, documento essencial para o acompanhamento das atividades, ainda que provavelmente deva sofrer revisões ao longo do tempo.

A **Figura 8.13** ilustra um exemplo de fluxograma para esse processo.

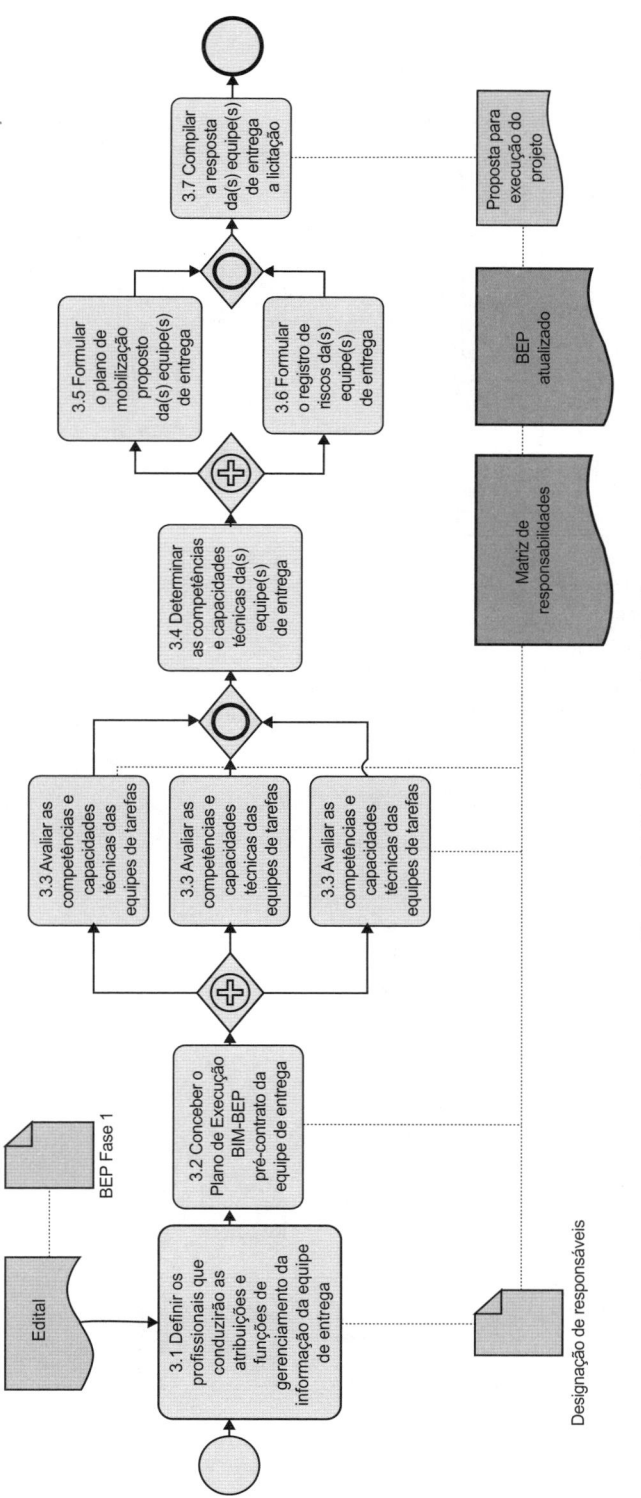

Figura 8.12 Resposta à licitação.
Fonte: adaptada de: ISO 19650-2.

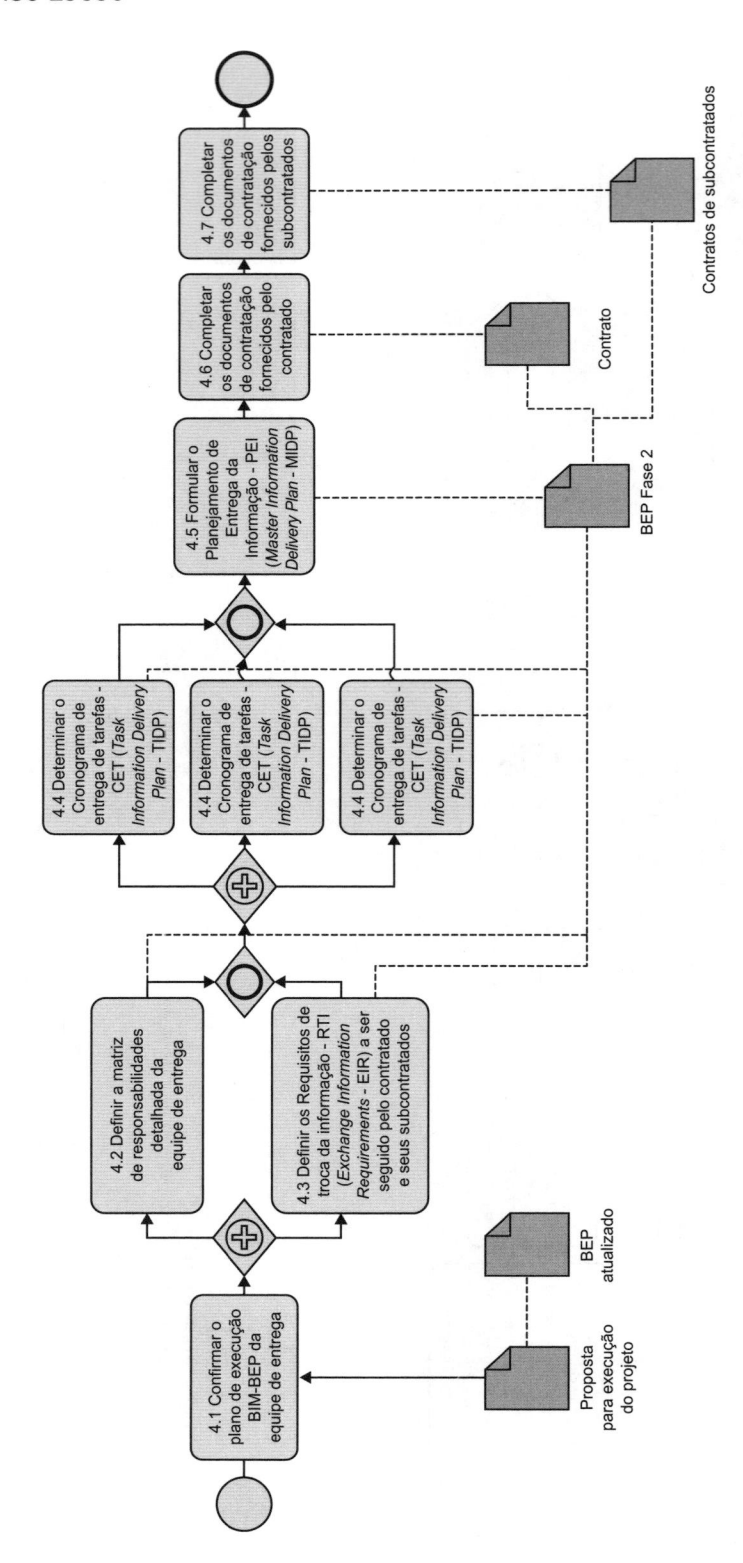

Figura 8.13 Contratação.
Fonte: adaptada de: ISO 19650-2.

Processo de gestão da informação – mobilização

Este processo visa colocar em operação a estrutura de sistemas e de comunicação necessária para o desenvolvimento do projeto, inclusive fornecendo esclarecimentos e treinamento para os membros das equipes participantes. Os métodos, os procedimentos previstos e os recursos a serem compartilhados devem ser testados, e os resultados dessa avaliação devem ser divulgados para a equipe.

Estão previstos três subprocessos:

- Mobilização dos recursos.
- Mobilização e disponibilização das informações de tecnologia.
- Teste dos métodos e procedimentos para produção da informação de projeto.

A **Figura 8.14** ilustra o respectivo fluxograma, em que o principal dado de entrada será o BEP Fase 2.

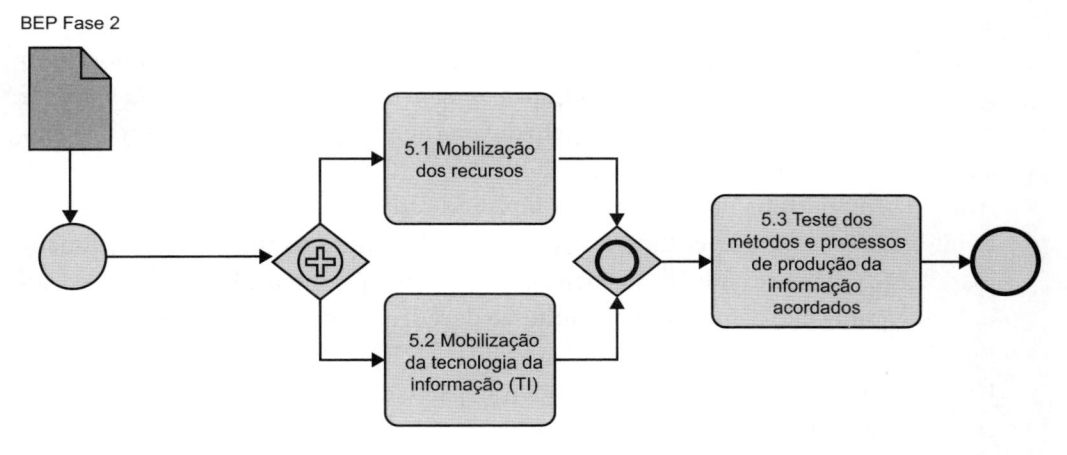

Figura 8.14   Mobilização.
Fonte: adaptada de: ISO 19650-2.

Produção colaborativa da informação

É neste processo e no seguinte que se concentram as atividades vinculadas ao desenvolvimento do projeto propriamente dito, a concepção e a documentação da proposta. A norma destaca claramente a relevância da colaboração, o objeto desse processo. Para possibilitar e acompanhar o processo colaborativo, ela prevê os seguintes subprocessos:

- Cada "equipe de tarefa", por exemplo as equipes de cada disciplina, deve verificar suas condições de acesso aos recursos compartilhados, como o ACD, e às informações disponibilizadas e avaliar se elas atendem às suas necessidades e se têm impacto no plano de entrega, seja em termos de cronograma ou de escopo.

- Cada "equipe de tarefa" deve produzir as informações conforme os planos de entrega em conformidade com os padrões e procedimentos estabelecidos para o projeto. Neste aspecto, a norma destaca:
  - Não devem ser geradas informações que excedam o nível de informação necessário, detalhes supérfluos nem, tampouco, que dupliquem informações de outras equipes.
  - Devem ser eliminadas as informações que se estendam além dos limites do "contêiner de informação"; por exemplo, devem ser excluídos dos modelos BIM elementos posicionados fora dos limites da intervenção do projeto.
  - Cabe a cada equipe de tarefa a verificação da compatibilidade geométrica com outros modelos, de outras equipes ou disciplina e, no caso de identificar interferências, ela deve notificar a coordenação do projeto.
- Avaliar a qualidade: cabe a cada "equipe de tarefa" efetuar a primeira verificação da qualidade da informação gerada conforme os procedimentos especificados para esta atividade e, caso a informação atenda aos requisitos, marcar o respectivo contêiner como verificado, em geral com um recurso específico do ACD. Caso haja não conformidade, ela deve ser destacada e solicitada a correção ao autor. Destacamos que *o atendimento aos requisitos de informação do projeto não é uma aprovação da proposta técnica de concepção*, que deve ser objeto de uma análise própria, seja pela coordenação do projeto ou pelo proprietário.
- Antes de compartilhar as informações no ACD, cada "equipe de tarefa" deve revisar as informações e, se estiver tudo em conformidade com os requisitos e procedimentos, alterar, então, o estado do arquivo em questão para "compartilhado". Se a revisão indicar alguma não conformidade o arquivo deve ser marcado ou encaminhado para revisão pelo autor.
- Uma vez que cada equipe de tarefa atendeu ao plano de entrega, deve ser efetuada por essa equipe a revisão do modelo de informação, o modelo federado, para verificar se ele atende aos requisitos de informação e aos critérios de aceitação do contratante.

Esses processos se repetem a cada etapa do projeto, conforme o respectivo plano de entrega. A **Figura 8.15** ilustra seu fluxograma.

Algumas dessas atividades são relativamente complexas e recomendamos que sejam objeto de procedimentos específicos, como no caso do atividade de controle de qualidade do modelo, que envolve diversos passos, como mostra a **Figura 8.16**. Também a verificação dos requisitos do projeto, representada em detalhe na **Figura 8.17**, é algo que deve seguir um roteiro estabelecido. Em geral, nos *softwares* de verificação, tal como SOLIBRI, NAVISWORKS ou ZOOM PRO, são usados conjuntos de regras, sendo conveniente que sejam compartilhadas pela coordenação do projeto entre os projetistas de modo a uniformizar o processo.

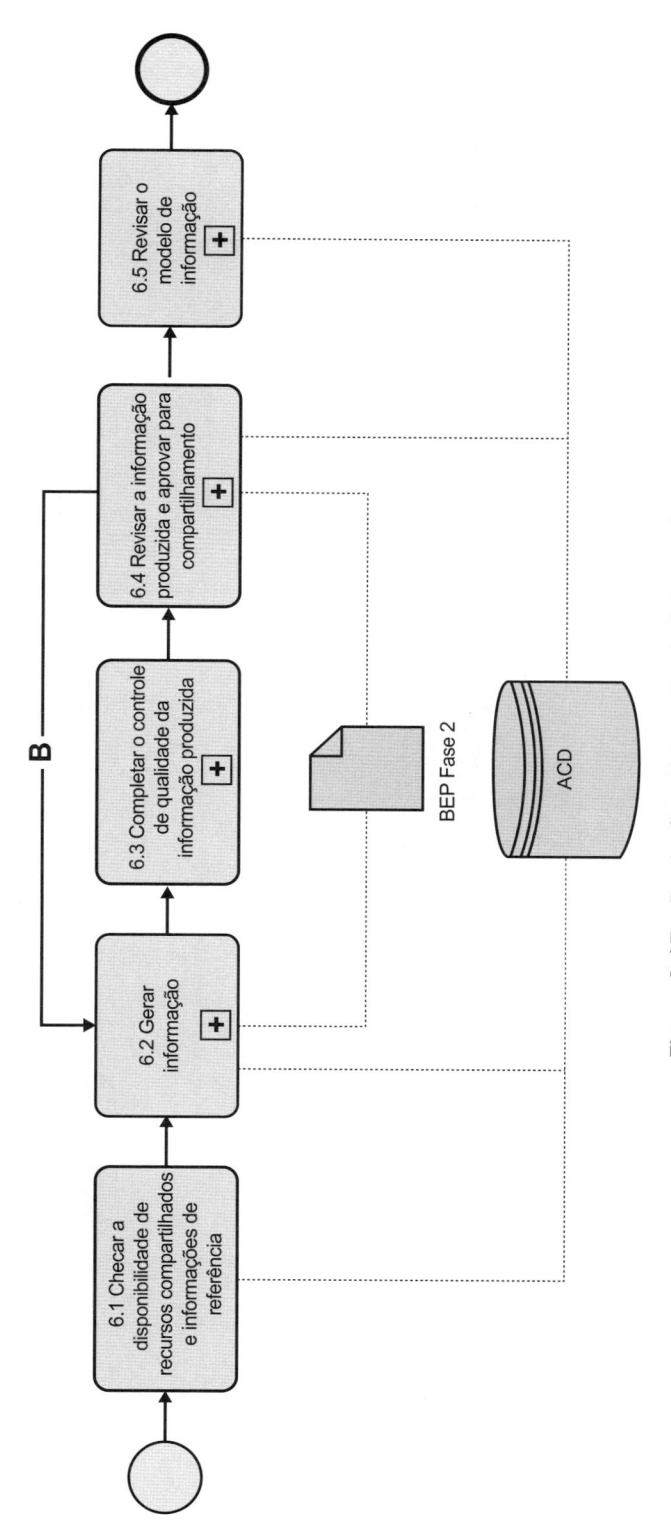

Figura 8.15   Produção colaborativa da informação.
Fonte: adaptada de: ISO 19650-2.

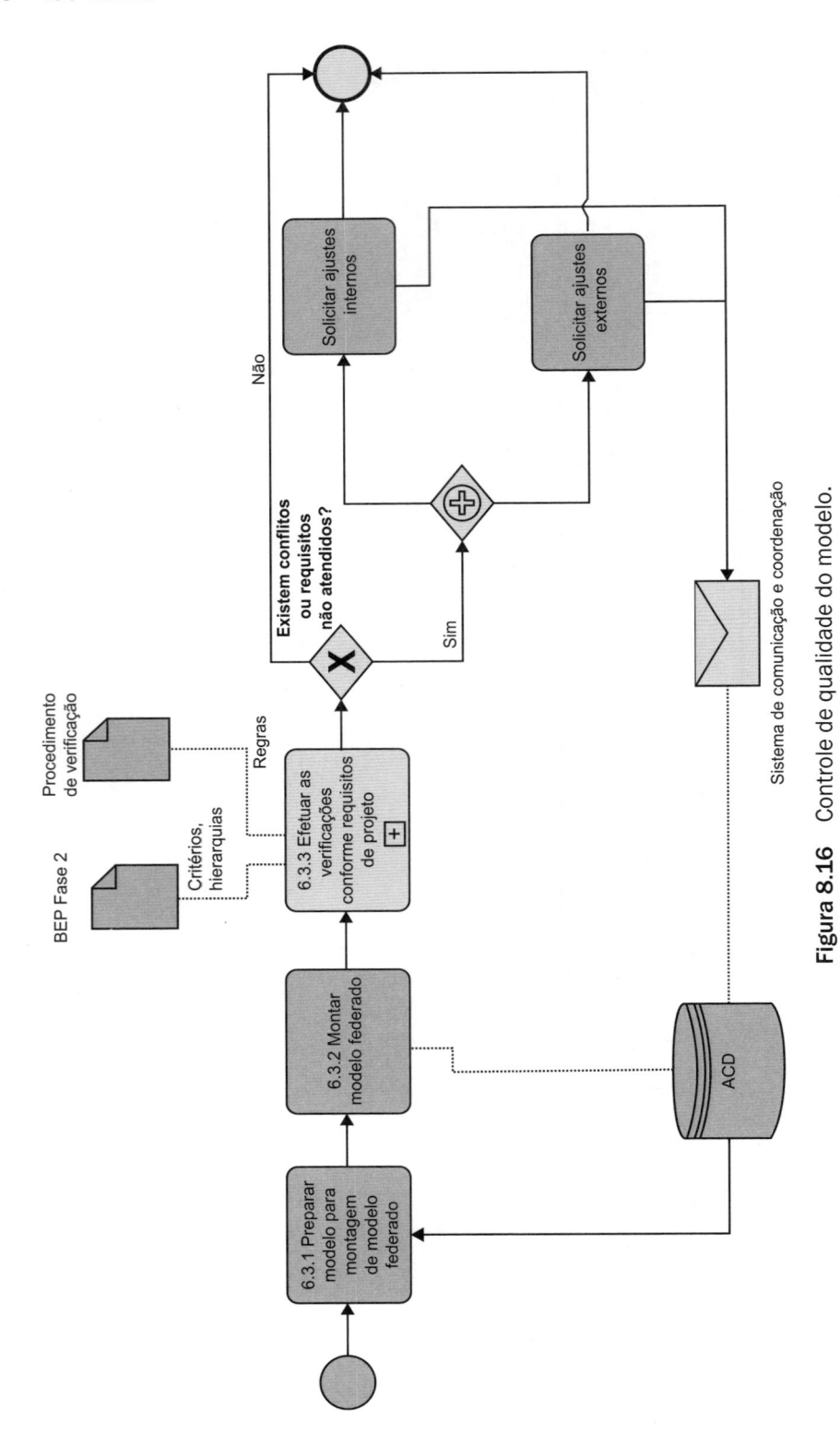

Figura 8.16 Controle de qualidade do modelo.

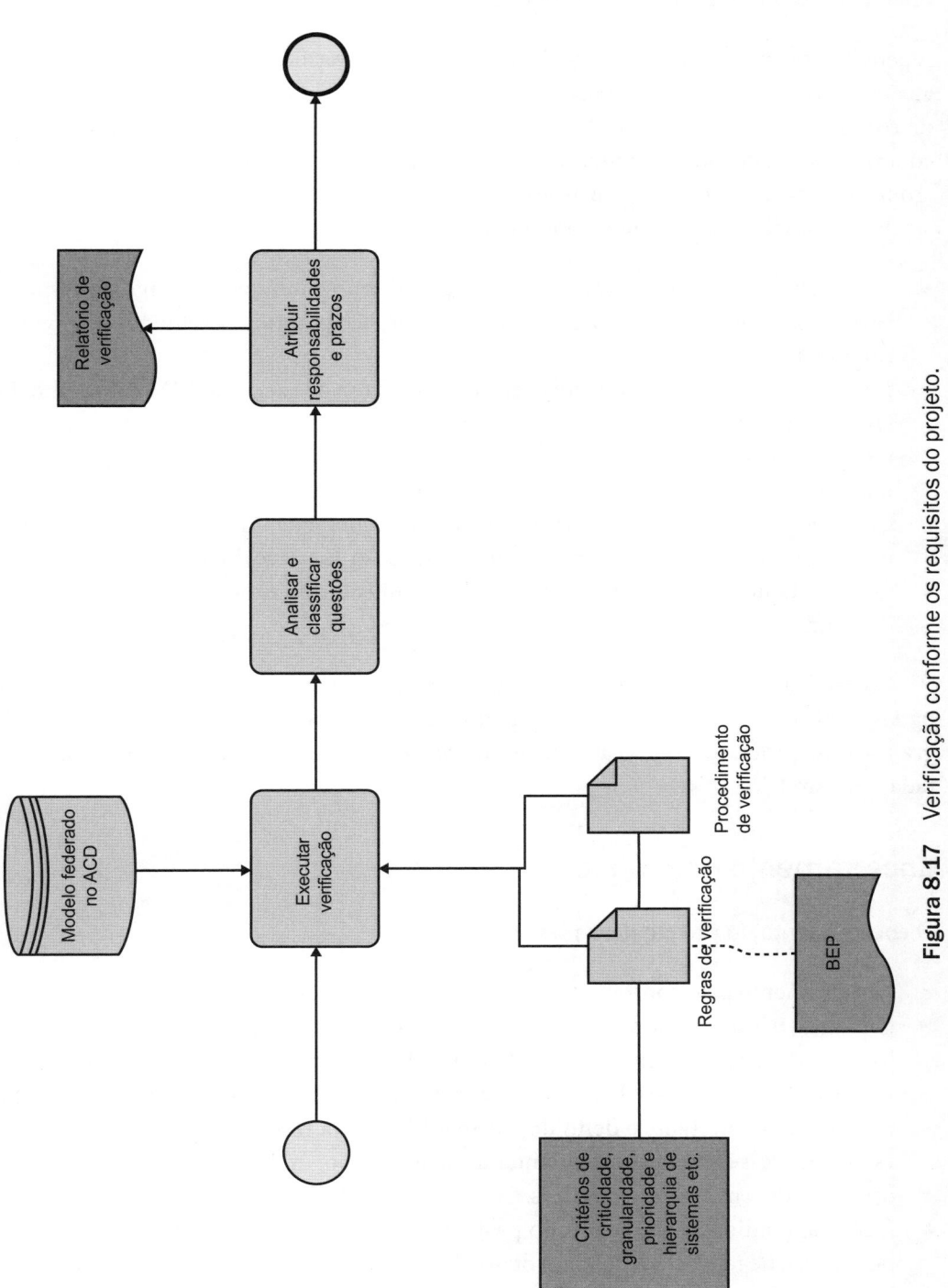

Figura 8.17 Verificação conforme os requisitos do projeto.

Revisão do modelo de informação

A penúltima etapa do processo de gestão de informação é verificar se o modelo efetivamente atende aos requisitos definidos para o projeto, etapa que tem parte dos subprocessos a cargo do coordenador do contratado. Na situação mais comum, temos diversos coordenadores contratados, um de cada disciplina, que antes de submeter os respectivos modelos e demais arquivos à análise do contratante deve efetuar uma revisão das informações.

Estão previstos os seguintes subprocessos:

■ Submeter modelo de informação ao coordenador do contratado, a cargo do responsável pela equipe de tarefa, mas efetuada em paralelo por todas as equipes envolvidas no projeto.

■ Revisar, verificando os requisitos definidos no plano de execução BIM e do plano de entrega do projeto e, se estiver em conformidade, autorizar a publicação do modelo de informação no ACD, a cargo do coordenador de cada contratado. Essa atividade também deve ocorrer de modo paralelo em todas as equipes envolvidas no projeto.

■ Cada equipe de tarefa, ou o próprio coordenador do contratado, deve então submeter modelo de informação ao contratante, mediante alteração de estado dos respectivos arquivos.

■ O contratante deve revisar e, se atender aos requisitos do projeto, aprovar o modelo de informação.

Os procedimentos de revisão do modelo seguem o mesmo fluxograma apresentado na **Figura 8.17** e as recomendações de padronização. A **Figura 8.18** representa o fluxograma desse processo, com as atividades de cada equipe de entrega/disciplina representadas em paralelo.

Encerramento do projeto

O encerramento do projeto deve prever:

■ Arquivamento pelo contratante de todos os "contêineres de informação", com a categorização daqueles que serão parte do modelo de informação do ativo, a serem utilizados na gestão e operação da edificação. Deve ser aplicada também a política de retenção (temporização de arquivos) adequada, respeitados os mínimos legais e os padrões do contratante e definidos os requisitos para futuros acessos. O BEP pode estabelecer esses requisitos e orientar a categorização, uma vez que os usos BIM na operação devem ter sido previstos.

■ Lições aprendidas: como em todo projeto, deve ser efetuada a análise dos aspectos positivos e negativos que tenham ocorrido ao longo do desenvolvimento, com a colaboração de todas as partes, de modo a constituir uma referência para futuros empreendimentos.

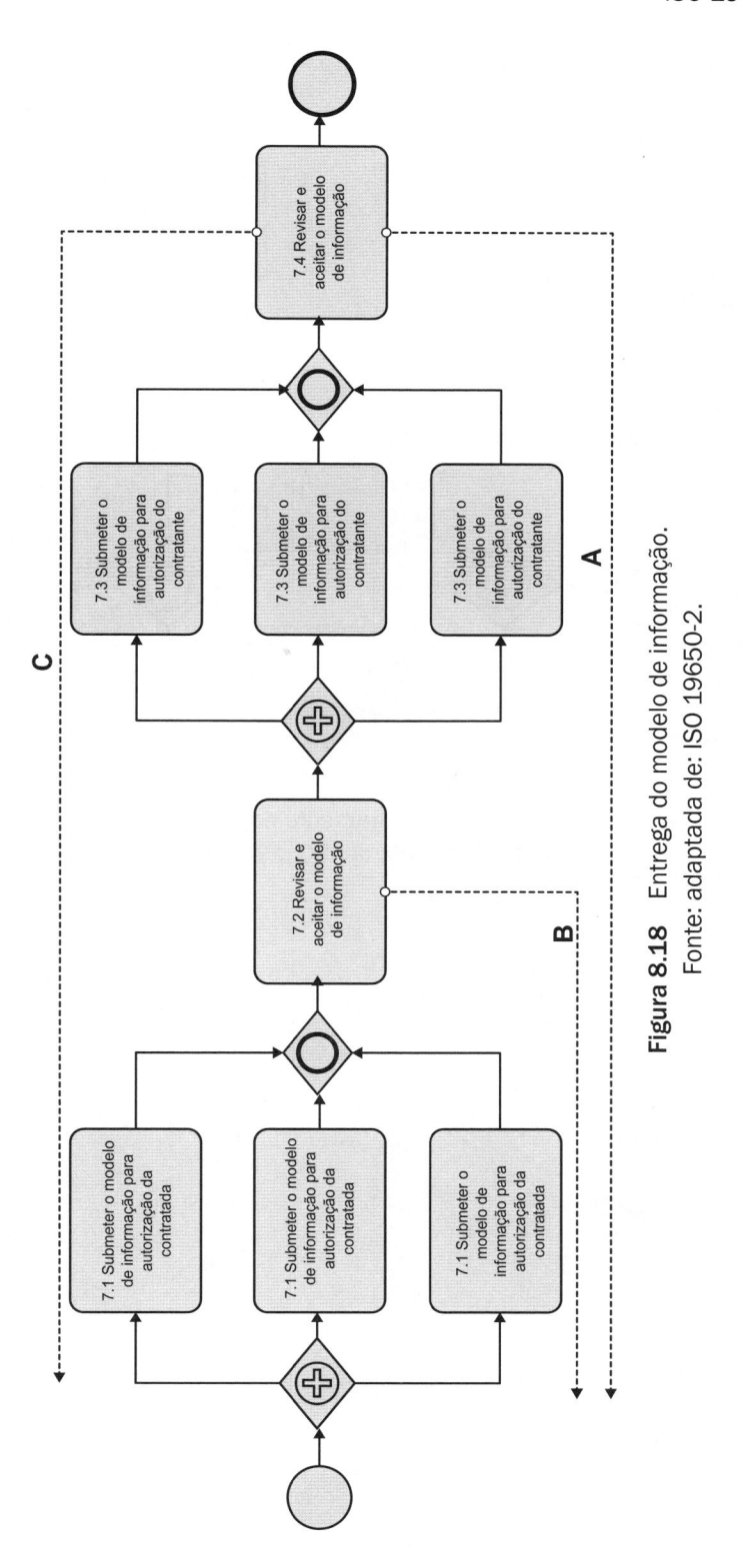

Figura 8.18 Entrega do modelo de informação.
Fonte: adaptada de: ISO 19650-2.

A **Figura 8.19** representa esse encerramento.

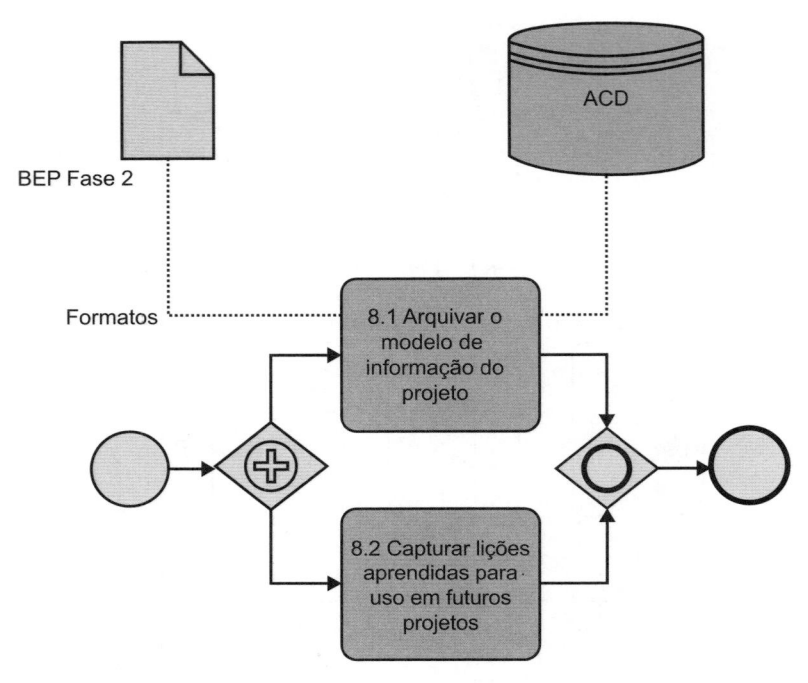

Figura 8.19 Fechamento do projeto.
Fonte: adaptada de ISO: 19650-2.

Capítulo 9

Contratos para Empreendimentos BIM

Adequação dos contratos ao processo de projeto BIM. Conteúdo mínimo dos contratos. Propriedade intelectual e BIM. Remuneração nos projetos BIM.

POR QUE UM CONTRATO DIFERENCIADO?

Processos BIM têm fases e produtos, bem como exigem um ambiente colaborativo e, preferencialmente, um escopo bem definido, que descreva etapas, parcelamento da remuneração, condições de colaboração e integração entre as equipes das diferentes disciplinas, mas, como BIM ainda é uma tecnologia relativamente nova, sua terminologia ainda não foi bem disseminada, tampouco consolidada. A própria definição de ser um "projeto executado em processo BIM" pode levar a interpretações variadas. Termos e conceitos, como Nível de Desenvolvimento (ND ou LOD), Nível de Evolução de Projeto, Plano de Execução BIM, frequentemente ainda são mal compreendidos.

Além disso, como vimos, fases, etapas e seus respectivos produtos também são diferenciados do projeto realizado em CAD. E, finalmente, temos um aspecto muito diferenciado, o desenvolvimento de serviços de modo colaborativo. O que significa que sempre haverá grande interdependência entre as diferentes especialidades, além de trazer questionamentos relativos à propriedade intelectual, tanto de modelos como de componentes.

Tudo isso leva a uma importância ainda maior da documentação contratual, pois todos esses aspectos devem estar descritos da melhor forma possível. Para agravar o quadro, muitas vezes existem contratos padronizados elaborados antes do advento do BIM, sendo necessária uma revisão absoluta, o que gera dificuldades, pois os advogados deverão ser muito bem instruídos a respeito das peculiaridades do processo BIM.

Os pontos aqui apresentados têm exatamente a intenção de orientar essa discussão junto aos especialistas jurídicos, que atendem a uma organização de projeto e construção, de modo que eles possam redigir esses novos padrões de contrato, auxiliados pelos seus projetistas. A correta definição dos contratos é um ponto que pode contribuir para o sucesso na utilização do processo BIM, e sua falta certamente será um percalço muito inconveniente.

INFORMAÇÕES PRELIMINARES

Nos contratos, além de suas descrições internas, é conveniente se referir a documentações específicas e mais aprofundadas, cujos descritivos não caberiam no texto do contrato. Um exemplo é o texto de referência sobre LOD do BIMForum,[1] uma extensa orientação sobre o uso e conteúdo aplicáveis aos componentes BIM, com a ressalva de que ele não é um documento de requisitos.

Além dele, podem ser indicados como documentos de referência normas como ABNT NBR 9050, sobre acessibilidade, ABNT NBR 15575, sobre desempenho de edificações habitacionais ou, ainda:

- NBR 13531 Elaboração de Projetos de Edificações – atividades técnicas.
- NBR 05670 Seleção e Contratação de Serviços e Obras de Engenharia e Arquitetura.
- NBR 05675 Recebimento de Serviços de Engenharia e Arquitetura.
- NBR 06492 Representação de Projetos de Arquitetura.
- NBR 15965 Classificação da Informação na Construção.
- Normas de dimensionamento de estruturas e de instalações.
- Manual de Escopo de Serviços de Coordenação de Projetos, ASBEA, 2008.
- Manual de Escopo de Projetos e Serviços de Arquitetura e Urbanismo, ASBEA, 2008.
- Para termos e definições, consulte a seção em português do BIM Dictionary;[2] entretanto, esses documentos devem ser complementares à definição de escopo, não a substituindo, até pelo fato de que alguns deles não foram elaborados tendo em consideração o processo BIM. Caso sejam citados, é importante indicar as devidas ressalvas. A citação de normas, embora possa parecer redundante, é conveniente para

---

[1] Disponível em: http://bimforum.org/lod/. Acesso em: 21 abr. 2022.
[2] Disponível em: https://bimdictionary.com/. Acesso em: 20 abr. 2022.

embasar melhor o contrato e, se for o caso, melhor definir as ressalvas. Muitas vezes, é conveniente referenciar normas ou regulamentos de outros países, pouco conhecidos no Brasil, como no caso do nível de conforto de serviço para pedestres, para o qual as prefeituras de Londres e de Nova Iorque têm metodologias bem definidas.

No Glossário, apresentamos um conjunto "termos e definições", incluindo alguns conceitos extraídos de normas ISO ou ABNT e sugestões próprias.

Além desses documentos genéricos devem ser referenciados os documentos fornecidos pelo contratante que sirvam de base para a proposta e para o desenvolvimento do projeto, como relatório de requisitos do empreendimento, plantas topográficas ou de levantamentos, estudos anteriores e outros pertinentes ao caso.

Finalmente, como no Brasil não temos normas que definam as etapas e produtos no processo de projeto BIM, e mesmo que as tivéssemos, provavelmente deveriam ser adaptadas às especificidades de cada empreendimento e seus participantes, é conveniente elaborar um conjunto de documentos que contenham esses descritivos para cada tipo de empreendimento em que usualmente a organização de projeto atua; por exemplo, um descritivo para projetos de edifícios residenciais multifamiliares, outro para residências unifamiliares ou para edifícios administrativos etc. Esse procedimento consolida uma boa prática interna e serve como referência para o detalhamento das propostas e estimativas de recursos necessários.

REQUISITOS PARA O EMPREENDIMENTO E O PROJETO

Como, em geral, no Brasil raramente é elaborado um documento prévio de requisitos do empreendimento, no contrato também devem ser definidas as metas financeiras, técnicas, ambientais e os prazos principais para o empreendimento, com as respectivas margens de tolerância onde for aplicável, como no caso de estimativas de custos e prazos. Estas devem ser contextualizadas com relação ao desempenho esperado nos demais aspectos, priorizando cada meta com relação a todo o conjunto.

Também são metas particularmente importantes o nível de desempenho e tempo de vida útil esperado, conforme a ABNT NBR 15575 e as certificações pretendidas. Elas farão parte de modo resumido do BEP, porém, nesse texto, podem ser descritas de modo mais extenso e completo.

Na falta de documento de requisitos, o texto deve definir as metas pretendidas e suas referências de mensuração aplicáveis, como normas e regulamentos de certificação a serem utilizados.

Além das definições para o empreendimento, devem ser elaboradas as diretrizes para o processo de projeto, em que se destacam os usos previstos para os modelos BIM. Esse ponto será detalhado relacionando o uso dos modelos por etapa de projeto no BEP.

Finalmente, cabe destacar que o *BEP – Fase 1 deve ser um anexo ao contrato* deve conter também referência à obrigatoriedade de o projetista colaborar nas definições e nos requisitos a serem estabelecidos na Fase 2 deste plano.

ESCOPO DE SERVIÇOS DO CONTRATO

No Capítulo 4, na seção Ambiente Comum de Dados (ACD), descrevemos detalhadamente as fases, as etapas e os produtos do processo BIM, e esse descritivo, adaptado a cada caso específico, deve compor parte do escopo contratual dos serviços, assim como os procedimentos vinculados, como a validação e verificação de modelos. A peça fundamental para essas definições é o BEP, que deve ser um anexo aos contratos das diferentes especialidades participantes do empreendimento.

O BEP da fase anterior às contratações serve de referência para a elaboração de seu complemento na fase de contrato, em que ele será o resultado de uma negociação entre todos os participantes. É importante destacar que um BEP não deve ser uma imposição do contratante, mas sim um documento consensual, que reflita as qualificações e os recursos de todos os participantes do projeto. Nos casos de BEP subdivididos em mais fases, os contratos devem prever a possibilidade de revisão ou complementação dos pontos que não sejam possíveis de definir nas etapas anteriores.

Um ponto particularmente importante a ser definido no BEP é a listagem estimada da documentação, que deve ser gerada a cada etapa, seu conteúdo e sua tipologia de arquivos, sempre lembrando de incluir a obrigatoriedade de que seja gerada a partir do modelo aprovado e validado, sendo ainda recomendável que seja exigido que conste na folha a referência automatizada a esse arquivo.

Outros pontos de definição relevantes são as atividades que decorrem do processo BIM, como a inserção de componentes de projetos de terceiros no modelo de autoria de outra disciplina nos casos em que nem todos estão projetando com aplicativos BIM. Do mesmo modo, o possível fornecimento de *templates* pelo contratante ou por um dos projetistas, de modelos de autoria pelo arquiteto, ou ainda a extração de quantitativos com critérios de medição, são atividades extras que, se solicitadas, devem ser previstas no escopo contratual. Recomendamos que sua exclusão também esteja expressamente registrada no contrato, assim como outras exclusões, mesmo que pareçam evidentes.

Os serviços de projeto forçosamente necessitam de coordenação, que pode ser exercida pelo contratante, pelo arquiteto ou por terceiros especializados. Suas funções e procedimentos devem estar definidos em seu contrato, mas é importante que sejam referidas as interfaces da coordenação com cada disciplina em seu respectivo contrato.

Os sistemas de comunicação, de coordenação assim como os de armazenamento de arquivos também devem ser definidos e suas responsabilidades de uso e de administração e custeio devem estar descritas neste escopo, inclusive quanto à periodicidade das atividades comuns. Outro ponto que deve ser estabelecido em comum são regras para o gerenciamento e a nomenclatura de arquivos, devendo ser estabelecido um procedimento comum a todos os participantes do projeto, como foi descrito no Capítulo 5, na seção Produtos na etapa de incepção ou de estudos de viabilidade.

PROPRIEDADE INTELECTUAL NO BIM

Enquanto a questão de direito autoral não se altera nos processos CAD ou BIM, as questões de propriedade intelectual são diferenciadas e necessitam de cuidados adicionais que devem ser abordados nos contratos. Esse ponto se reflete de maneira diferente nos objetos BIM e nos modelos, e deve ser abordado nos contratos em cláusula específica.

Propriedade intelectual e objetos BIM

Os componentes BIM podem ser de três tipos:

- **Componentes BIM genéricos**, que na maioria são fornecidos pelo aplicativo de projeto, mas também têm origem em bibliotecas públicas e podem ser elaborados pelo projetista. Eles representam tipos de componentes, como portas, louças ou elementos da construção como forros e paredes, sem referência a um fornecedor. São de uso obrigatório na etapa de projeto básico nos contratos com órgãos governamentais, nos quais não é permitido ter referências comerciais. Já ocorreram questionamentos quando o projetista utiliza um objeto de um fornecedor e simplesmente apaga essa informação, pois mesmo assim ele representa um produto, com suas dimensões e pontos de conexão. Objetos genéricos devem poder ser substituídos por produtos comerciais do tipo, sem limitações dimensionais, o que significa que suas dimensões devem ser as maiores existentes na sua categoria ou tipo. A **Figura 9.1** mostra um exemplo de componente genérico.
- **Componentes BIM proprietários**, com origem em um fornecedor, representam um produto de sua linha e devem ter suas propriedades asseguradas por ele, em particular aquelas relativas ao desempenho. Eles costumam conter *links* para manuais de instalação e uso, certificações e outras informações relativas ao modelo do produto. Podem representar desde equipamentos, esquadrias, até mesmo um material sem dimensões fixas, como uma argamassa. Nesse caso, sua função principal é agregar informações do material ao modelo BIM. Ver **Figura 9.2**.
- **Componentes BIM personalizados**, quando o projetista define a concepção (*design*) de um elemento, seja um componente pré-fabricado, uma marcenaria ou serralheria especial, ou qualquer objeto com concepção individualizada. São usualmente de autoria do projetista, mas podem ser substituídos posteriormente por outro, de autoria de um subempreiteiro especializado. Ver **Figura 9.3**.

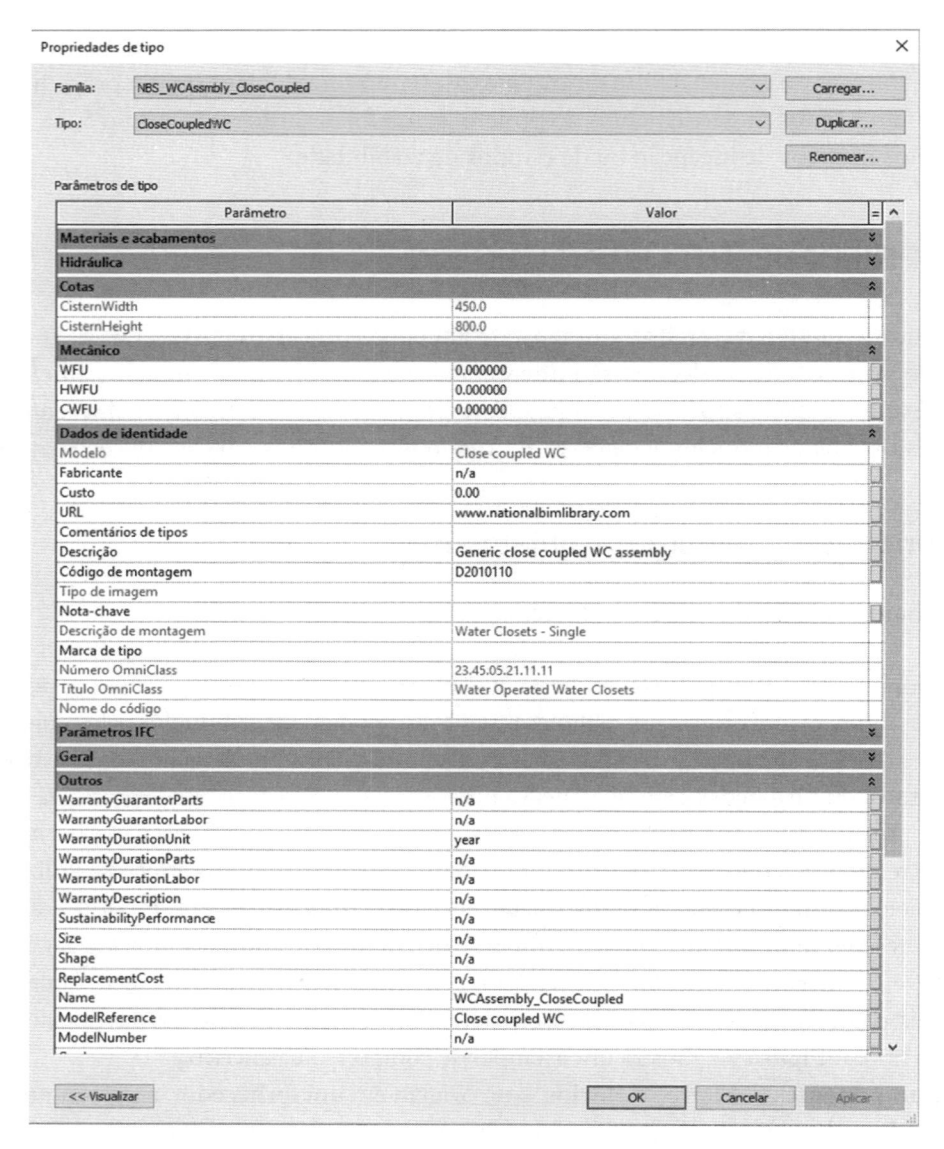

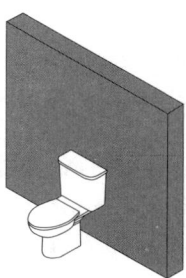

Figura 9.1 Imagem de um componente genérico e suas propriedades.
Fonte: NBS National BIM Library. Acesso em: 27 mar. 2018.

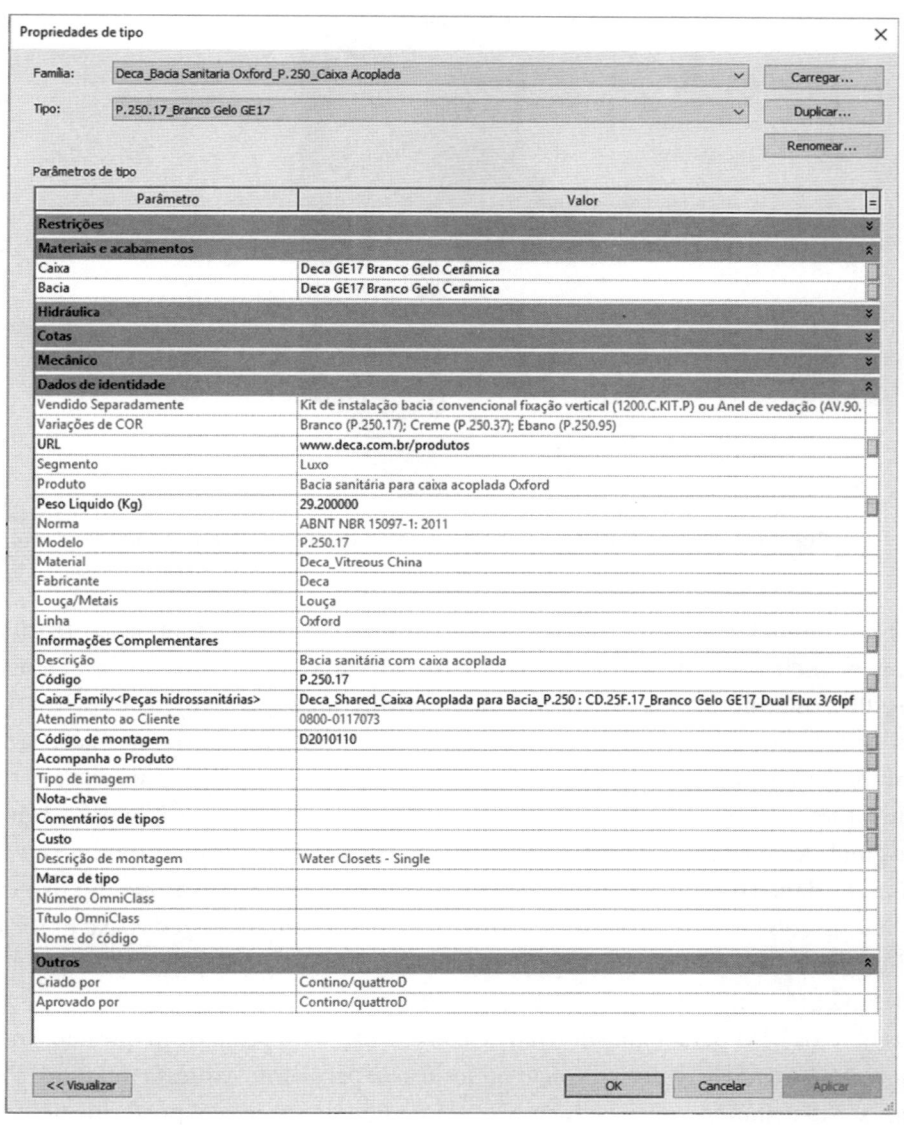

Propriedades de tipo		✕
Família: Deca_Bacia Sanitária Oxford_P.250_Caixa Acoplada	⌄	Carregar...
Tipo: P.250.17_Branco Gelo GE17	⌄	Duplicar...
		Renomear...

Parâmetros de tipo

Parâmetro	Valor	=
Restrições		⌄
Materiais e acabamentos		⌃
Caixa	Deca GE17 Branco Gelo Cerâmica	
Bacia	Deca GE17 Branco Gelo Cerâmica	
Hidráulica		⌄
Cotas		⌄
Mecânico		⌄
Dados de identidade		⌃
Vendido Separadamente	Kit de instalação bacia convencional fixação vertical (1200.C.KIT.P) ou Anel de vedação (AV.90.	
Variações de COR	Branco (P.250.17); Creme (P.250.37); Ébano (P.250.95)	
URL	www.deca.com.br/produtos	
Segmento	Luxo	
Produto	Bacia sanitária para caixa acoplada Oxford	
Peso Líquido (Kg)	29.200000	
Norma	ABNT NBR 15097-1: 2011	
Modelo	P.250.17	
Material	Deca_Vitreous China	
Fabricante	Deca	
Louça/Metais	Louça	
Linha	Oxford	
Informações Complementares		
Descrição	Bacia sanitária com caixa acoplada	
Código	P.250.17	
Caixa_Family<Peças hidrossanitárias>	Deca_Shared_Caixa Acoplada para Bacia_P.250 : CD.25F.17_Branco Gelo GE17_Dual Flux 3/6lpf	
Atendimento ao Cliente	0800-0117073	
Código de montagem	D2010110	
Acompanha o Produto		
Tipo de imagem		
Nota-chave		
Comentários de tipos		
Custo		
Descrição de montagem	Water Closets - Single	
Marca de tipo		
Número OmniClass		
Título OmniClass		
Nome do código		
Outros		⌃
Criado por	Contino/quattroD	
Aprovado por	Contino/quattroD	

<< Visualizar		OK	Cancelar	Aplicar

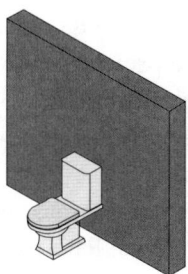

Figura 9.2   Imagem de um componente proprietário e a tabela de suas propriedades.
Fonte: https://www.deca.com.br/biblioteca/arquivos-2d-e-3d-para-projetos/.
Acesso em: 27 mar. 2018.

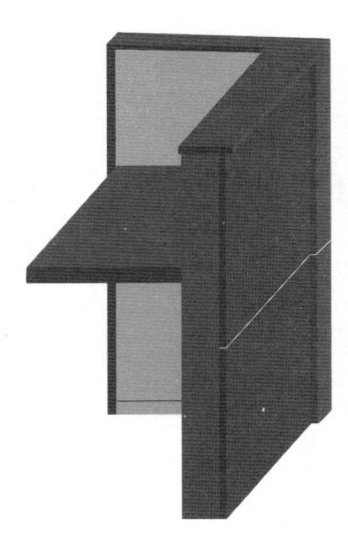

Figura 9.3 Imagem de componente personalizado, uma bancada.
Fonte: GDP.

Essa diferenciação implica situações de propriedade intelectual bastante diversas. Os dois primeiros são de autoria de terceiros, porém incorporados aos modelos BIM, serão editados múltiplas vezes ao longo do desenvolvimento do projeto, para inserção de novos dados. Ou seja, eles *devem prever um licenciamento que permita essas alterações*. Os componentes proprietários, entretanto, precisam ter limitações, pois os projetistas e gerenciadores não devem editar seus dados primários, sendo necessário preservar o autor original. Ainda que possam ser acrescentados dados de posição, instalação e de verificações, os dados de autoria, dimensionais, de referências e de desempenho não devem ser editados, sob pena de alterar as responsabilidades técnicas derivadas. Na prática, isso significa que apenas os "parâmetros de instância"[3] devem ser editados, ou definidos automaticamente, conforme os dados de posição.

Os objetos BIM personalizados são de uso exclusivo no projeto em questão e *não podem ser reproduzidos em outro projeto ou local sem permissão expressa do autor*. Porém, podem ser distribuídos para os membros da equipe de projeto e, posteriormente, pela equipe responsável pela operação e uso da edificação, bem como para terceiros que tenham um vínculo razoável com o projeto, como subempreiteiros especializados e outros fornecedores. São regidos pelos mesmos critérios de obras de arte, mas dentro do projeto serão reproduzidos inúmeras vezes, por diferentes disciplinas, mesmo que apenas para compor a visualização de uma cena.

Esses pontos serão inseridos no contrato sempre que o projetista desenvolver objetos BIM personalizados ou genéricos. Para os objetos BIM proprietários, a questão do

---

[3] São dados que caracterizam a aplicação de um componente em um determinado local, como o seu posicionamento na construção, e as informações que derivem desse componente individual, como data de instalação etc.

licenciamento e suas limitações devem estar descritas no próprio objeto BIM ou em documento de termos de uso do sistema de distribuição antes de o *download* ser realizado.

Propriedade intelectual e os modelos BIM

No caso de modelos BIM, temos uma situação um pouco diversa, que varia conforme o tipo de modelo. Os modelos "de coordenação" ou "base" devem ter definida no contrato uma autorização para uso por qualquer participante da equipe no ambiente do projeto específico, bem como por terceiros que tenham um vínculo razoável com o projeto, como subempreiteiros especializados e outros fornecedores e, posteriormente, pelos proprietários e gerenciadores da operação da edificação.

Para isso, deve ser incluída uma cláusula contratual que especifique que todos os modelos distribuídos no ambiente colaborativo do projeto estão automaticamente liberados para qualquer uso relacionado com o projeto, e o contratante pode repassá-los a terceiros, respeitando apenas a limitação citada. Notem que não estão incluídos os modelos de autoria, que, a princípio, são de uso exclusivo de cada autor; porém, se forem para usos distintos, devem ter uma cláusula contratual que defina as possibilidades e os limites de sua cessão pelo autor.

Por fim, o modelo federado que, composto pelos modelos de coordenação das diferentes disciplinas, é um caso de propriedade coletiva, com limitação de uso ao projeto em questão.

REMUNERAÇÃO EM PROJETOS BIM

Uma vez que etapas e produtos são diferentes no processo BIM, assim como o consumo de recursos, é natural que se busque um rearranjo das condições de pagamento, de modo a adequar a remuneração a esse novo fluxo de trabalho e seus entregáveis.

Isso significa estabelecer parcelas de pagamento relativas aos entregáveis específicos do processo BIM, como modelos, quantitativos, animações ou qualquer produto que possa ser um marco no desenvolvimento do projeto, sem esquecer de colocar como condição para o pagamento a verificação de qualidade e de atendimento aos requisitos do empreendimento.

Desse modo, teremos um número maior de produtos nas etapas iniciais, no Estudo Preliminar e Projeto Básico, em que também ocorre um esforço maior por parte dos participantes. Isso faz com que essas etapas, que tradicionalmente equivalem a cerca de 10 a 30% da remuneração,[4] recebam uma parcela maior do total, somando até 50 ou 60%, e o

---

[4] Ver, por exemplo, Tabelas de honorários de serviços de arquitetura e urbanismo do Brasil do CAU/BR, disponível em: http://www.caubr.gov.br. Acesso em: 27 mar. 2018.

projeto executivo receberá um percentual proporcionalmente menor. Entretanto, ainda estamos longe de termos consenso sobre esses percentuais, tampouco sobre o valor de cada novo entregável BIM. Somente a prática de processo BIM vai trazer, ao longo do tempo, por meio de monitoramento de recursos e benefícios derivados, o real valor de cada um deles.

Outro aspecto muito relevante é o fato de que os projetistas BIM têm alto grau de interdependência, por isso algumas vezes suas entregas dependem de que outra disciplina também esteja no mesmo nível de confiança, sem o que o modelo BIM de coordenação não será aprovado e a representação também ficará prejudicada. A prática da colaboração e as responsabilidades de comunicação também devem ser descritas nos documentos contratuais.

Isso tem sido enfrentado no exterior com um novo modelo contratual, o *Integrated Project Delivery* (IPD),[5] que busca alinhar benefícios e responsabilidades de toda a equipe. Ele se baseia na avaliação das metas de custos, prazos, qualidade, sustentabilidade e desempenho operacional do empreendimento para estabelecer uma remuneração variável de cada integrante da equipe. É um modelo organizacional de projetos que vem sendo usado há algumas décadas, inclusive fora da construção, como na indústria automotiva, mas que, com o advento do BIM, tomou força nesse setor.

Com premissas para o bom funcionamento do contrato, é preciso definir também as condições de comunicação e sistemática de decisões em colaboração, assim como para a resolução de eventuais conflitos, algo que exige esforço e tempo suplementares. No exterior, uma das causas de sucesso apontadas para esse modelo[6] é o fato de que os participantes já tenham trabalhado juntos em projetos anteriores, de modo que exista confiança antes mesmo do início dos trabalhos.

Não temos notícias do uso desse modelo no Brasil, ainda que não haja obstáculos legais para sua aplicação.

Uma aproximação desse modelo seria definir que um percentual dos serviços será rateado entre os integrantes da equipe, dependendo de terem atingido as metas; porém, se um integrante o fez apenas parcialmente, essa parte será reduzida de sua remuneração. Por exemplo, 15 ou 20% do valor do contrato para todos os projetistas será pago somente se algumas metas forem cumpridas, mas com uma proporcionalidade relativa a cada meta, seja de atendimento a orçamento, prazo, acurácia de projeto etc. Se um deles não atingir alguma meta, sua participação no valor final será reduzida. Porém, definir os indicadores de cada uma dessas dimensões, em especial da qualidade e da acurácia do projeto, depende de um sistema de monitoramento que, em geral, ainda não encontramos nas equipes de projeto no Brasil. E limitar a avaliação apenas a prazos e orçamentos pode gerar um resultado contrário ao desejado.

---

[5] Para mais detalhes, ver *Integrated Project Delivery*: a guide. Disponível em: https://info.aia.org/SiteObjects/files/IPD_Guide_2007.pdf. Acesso em: 20 mar. 2018.
[6] Ver Nellore, Balachandra: Factors influencing success In IPD Projects. *IEEE Transactions on Engineering Management, v.* 48, n. 2, 2001.

Capítulo 10

Conclusão

O processo de projeto BIM já se consolidou como a melhor opção para o desenvolvimento de projetos de construção, sejam de edifícios ou infraestrutura. Porém, sua descrição, entregáveis e terminologia ainda carecem de consolidação, que somente uma prática mais disseminada e compartilhada vai estabelecer. O sucesso na sua aplicação está intimamente ligado ao desenvolvimento paralelo das quatro dimensões envolvidas: pessoas, tecnologia, processos e procedimentos.

Nesse contexto, as atividades de gerenciamento e coordenação de projetos têm papel muito importante: é por meio delas que se articulam essas quatro dimensões, seja pela definição de processos e elaboração de respectivos procedimentos e regulamentos internos, seja pela definição de requisitos de tecnologia e busca permanente dos melhores aplicativos e pela correta definição das qualificações e treinamentos necessários para os participantes dos projetos.

Ao longo deste livro, apresentamos muito do que aprendemos em alguns anos de prática de processo BIM, tanto pelo convívio com nossa equipe interna de projetos como pela troca com outros participantes externos dos empreendimentos nos quais participamos, bem como na atuação em associações técnicas e acadêmicas. Não foi um percurso apenas de sucessos; ao contrário, tivemos insucessos e perdas, partes necessárias de um aprendizado que, espero, tenha resultado em um conjunto de recomendações e orientações que contribuam para o sucesso de outras experiências. O compartilhamento dessa experiência é parte do conceito de colaboração, um dos fundamentos essenciais do BIM.

O processo de projeto BIM, apesar de ter sido concebido há muitas décadas, ainda está na sua adolescência e, no Brasil, na infância. Novas tecnologias e novos métodos de trabalho surgem a todo momento, obrigando todos os interessados a estarem atentos as essas novidades, o que exige um esforço permanente de aprendizado.

No Brasil, esses esforços devem ser redobrados, pois a difusão ainda está em seu início, ainda que seja em velocidade crescente, em particular depois da publicação da Estratégia

BIM BR, que muito contribuiu para a difusão desses novos processos e nos dá a certeza de que, atualmente, o BIM é a melhor opção para o desenvolvimento de projetos de edificações e infraestrutura.

Esperamos que as ideias e propostas apresentadas possam colaborar para o desenvolvimento e a difusão do processo de projeto BIM, ainda que algumas delas provavelmente ainda necessitem de aprimoramento. As questões contratuais relativas a fases, etapas, produtos e remuneração certamente devem ser amadurecidas pela prática até que se obtenha um consenso de mercado. A percepção dos benefícios do BIM pode colaborar para agregar valor ao trabalho de projetistas e gerentes, mas deve ser fundamentada em indicadores sólidos, que demandam tempo para obtermos e devem ser compartilhados, pois sem essa troca de informações eles não se consolidam. Este é um dos trabalhos prioritários, com uma responsabilidade coletiva entre as associações técnicas profissionais e a área pública.

Glossário

Ambiente Comum de Dados (ACD): Fonte única de informação que coleta, gerencia e distribui documentos relevantes e aprovados do empreendimento para equipes multidisciplinares em um processo gerenciado. O ambiente comum de dados geralmente se baseia em um sistema de gerenciamento de documentos que facilita o compartilhamento de dados/informações entre os participantes do empreendimento. As informações dentro de um ACD precisam ter um dos quatro rótulos (ou estar dentro de uma das quatro áreas): área de trabalho em andamento, área compartilhada, área publicada, e área arquivada. (Fonte: BIMDictionary.)

Ambiente construído: Resultado físico da construção destinado a atender a uma função ou atividade de usuário. Observação: O ambiente construído pode ser visto como um sistema de espaço construído ou estrutura construída. (Fonte: ABNT ISO 12006-2:2018.)

Ambiente de modelagem federado: Fonte de informação única para um empreendimento ou ativo, usada para coletar, armazenar e permitir acesso controlado à informação baseada em modelo pelas partes interessadas do empreendimento ou ativo. Um ambiente de modelagem federado difere de um ambiente de documentos compartilhado por permitir a isolamento de informações estruturadas do empreendimento por uso do modelo. (Fonte: BIMDictionary.)

Aplicativo BIM: As ferramentas de *software* que podem produzir um modelo 3D com base em objetos e rico em dados. Esses aplicativos frequentemente se conectam a outros aplicativos especializados para gerar vários entregáveis derivados do modelo. (Fonte: BIMDictionary.)

Aplicativo especializado: Ferramenta de *software* que não é usada para criar modelos, mas para analisar seus componentes ou seus dados. Por exemplo, um aplicativo especializado poderia analisar o desempenho térmico, o comportamento sísmico, o ciclo de vida de ativos ou outros aspectos de um Modelo BIM gerado por um Aplicativo BIM. (Fonte: BIMDictionary.)

Atividade da construção: Parte integrante de um processo da construção. (Fonte: ABNT ISO 12006-2:2018.)

Avaliação do ciclo de vida: Avaliação do ciclo de vida (ACV) é um uso do modelo que representa como múltiplos métodos são aplicados a modelos BIM para identificar e avaliar os impactos ambientais (p. ex., resíduos) de produtos e materiais de construção ao longo de toda a sua vida. (Fonte: BIMDictionary.)

Biblioteca de objetos BIM: Coleção de objetos BIM que seguem um conjunto unificado de estruturas de nomes e usam o mesmo esquema de dados (p. ex., Industry Foundation Classes). Uma biblioteca de objetos BIM também pode se referir a bibliotecas de produtos hospedadas *on-line* por fornecedores, empresas de *software* ou terceiros especializados. (Fonte: BIMDictionary.)

Capacitação BIM: Capacitação BIM representa as habilidades mínimas de uma organização, equipe ou profissional para entregar resultados mensuráveis. (Fonte: adaptado de BIMDictionary.)

Ciclo de vida do empreendimento: Conjunto de etapas, cada uma caracterizada por sua função diferenciada. Segundo a ISO 15686-1:2011 inclui a iniciação, a definição projetual, a concepção ou projeto, a construção, o comissionamento, a operação, a manutenção, a reforma, substituição, demolição e disposição final, reciclagem ou reúso do ativo ou de suas partes, incluído seus componentes, sistemas e serviços prediais. (Fonte: adaptado de ISO 15686-1:2011.)

Ciclo de vida do processo da construção: Sequência de estágios desde o início até o final do processo da construção. (Fonte: ABNT ISO 12006-2:2018.)

Classe de modelagem dos objetos BIM: Distinção entre objetos BIM decorrentes de suas características de modelagem, que podem ser componentes BIM ou componentes BIM SDD. Um produto pode ser representado em ND 200 como um "componente BIM SDD", mas também pode ter uma representação em ND 300 ou superior como um "componente BIM", pois neste caso serão consideradas dimensões detalhadas de seus módulos e elementos complementares (p. ex., um forro modular). (Fonte: adaptado do Regulamento da Biblioteca Nacional BIM, 2018.)

Competência BIM: Competência BIM é um tipo especializado de competência que representa a capacidade de um indivíduo ou equipe de gerar entregáveis BIM predefinidos. (Fonte: BIMDictionary.)

Complexo de construção: Agrupamento de uma ou mais unidades construídas que, em conjunto, atendem a uma ou mais função(ções) ou atividade(s) do usuário. Observação: Um complexo de construção pode ser analisado por meio da identificação das unidades de construção que o compõem; por exemplo, um aeroporto é tipicamente composto das unidades de construção: pista de decolagem, torre de controle, edifício terminal de passageiros, hangar de aeronaves etc. Um complexo comercial é tipicamente composto por uma quantidade de edificações, vias de acesso e áreas de paisagismo (cada um deles, uma unidade de construção distinta). Uma via expressa é tipicamente composta por estações de serviços, pistas pavimentadas, pontes, áreas de aterros, áreas de paisagismo etc. (Fonte: ABNT ISO 12006-2:2018.)

Componente BIM: Objetos BIM cuja geometria tem dimensões fixas ou variáveis dentro de faixas ou opções determinadas. (Fonte: adaptado do Regulamento da Biblioteca Nacional BIM, 2018.)

Componente para construção: Produto, componente ou conjunto de componentes para incorporação permanente em unidades de construção. (Fonte: Regulamento da Biblioteca Nacional BIM, 2018.)

Componentes BIM SDD: Sem dimensão definida: objetos BIM que representam produtos da construção com apenas uma ou mesmo nenhuma dimensão fixa, como paredes, carpetes, revestimentos de argamassas, pavimentos, sub-bases etc. Em geral, são materiais em uma ou várias camadas. É importante distinguir os "componentes BIM SDD" dos materiais constituintes dos elementos e componentes BIM, como alumínio, madeira ou concreto. (Fonte: adaptado do Regulamento da Biblioteca Nacional BIM, 2018.)

Conhecimento BIM: Conhecimento BIM é um termo que descreve os aspectos do BIM não ligados ao *software*. Refere-se à formação em áreas especializadas, experiência em empreendimentos e o que deve ser conhecido por indivíduos para gerar Modelos BIM precisos e úteis. Ao contrário de habilidade BIM, que se concentra na capacidade de se operar um *software*, o conhecimento BIM concentra-se no conhecimento específico de cada uso do BIM, gerenciamento de processos, gerenciamento de equipe, facilitação, colaboração e outros aspectos críticos dos fluxos de trabalho BIM. O conhecimento BIM é o que pode ser aprendido por meio da educação e da exposição no longo prazo. (Fonte: BIMDictionary.)

Convenção de nomeação: Convenções de nomeação referem-se aos termos usados num setor industrial para descrever um objeto ou propriedade (veja também Protocolo de nomeação). (Fonte: BIMDictionary.)

Coordenador de projeto: O consultor responsável (por norma, contrato ou acordo) por coordenar os entregáveis de outros consultores. Exceto se explicitado diferentemente, o termo coordenador de projeto se refere ao Arquiteto. (Fonte: BIMDictionary.)

Critério de aceitação: Evidência requerida para considerar que o requisito foi atendido. (Fonte: tradução livre da ISO 22263:2008, 2.1.)

Cronograma baseado em locais: Método de elaboração de cronograma com foco na criação de trabalho contínuo (ininterrupto) para os recursos (mão de obra), conforme eles se deslocam pelos locais de trabalho no canteiro de obras. O objetivo principal do cronograma baseado em locais é preservar as razões unitárias de produção das equipes de produção por meio da minimização da quantidade de ciclos de inícios e interrupções de suas atividades (e do tempo entre esses ciclos), à medida que se deslocam pelos locais de produção. (Fonte: BIMDictionary.)

Dado: Observações que, uma vez contextualizadas, produzem informações. (Fonte: tradução livre de Skyrme and Amidon, *Knowledge management,* 1997.)

Declaração de capacitação: Documento que resume as competências essenciais de uma organização, de uma equipe do empreendimento ou de um indivíduo. Uma declaração de capacitação tipicamente inclui uma lista de empreendimentos concluídos, habilidades/serviços especializados e outras informações, destacando capacidades e vantagens comparativas. Uma declaração de capacidade específica do BIM pode ser um documento independente (*on-line* ou impresso) ou fazer parte de um Plano de Marketing BIM geral. (Fonte: BIMDictionary.)

Desempenho do edifício: Conjunto de critérios físicos, sociais, financeiros ou ambientais (p. ex., cargas térmicas ou eficiência luminosa) pelos quais um edifício pode ser mensurado. (Fonte: BIMDictionary.)

Desenho 2D: Documento digital ou impresso contendo desenhos bidimensionais gerados por um sistema CAD (p. ex., AutoCAD ou Draftsight) ou por um aplicativo BIM. (Fonte: BIMDictionary).

Detecção de interferências (ou Verificação de conflitos): Uso do modelo representando o uso de modelos 3D para coordenar diferentes disciplinas (p. ex., estruturas e ar-condicionado) e para identificar/resolver possíveis conflitos entre elementos virtuais antes da construção ou fabricação reais (veja também Prevenção de interferências). (Fonte: BIMDictionary.)

Diagrama de Gantt: O cronograma de atividades para um empreendimento. Um diagrama de Gantt é baseado no método do caminho crítico e mostra as datas de início e término de uma atividade, atividades críticas e não críticas, tempo de folga e relações de precedência. (Fonte: BIMDictionary.)

Diário de treinamento: Documento (planilha ou similar) que inclui nomes da equipe, níveis de treinamento, sessões de treinamento assistidas etc. Os diários de treinamento podem fazer parte de um Registro de Habilidades mais amplo. (Fonte: BIMDictionary.)

Dicionário de dados buildingSMART: Dicionário de dados buildingSMART (building-SMART *data dictionary*, anteriormente conhecido como IFD) é uma terminologia padronizada para dados e produtos usados em projeto, construção e operações virtuais. O bSDD identifica os nomes em múltiplas línguas e define os tipos e propriedades de muitos "produtos" de construção (p. ex., portas, condicionadores de ar etc.). bSDD, Industry Foundation Classes (IFC) e Information Delivery Manual (IDM) são o núcleo dos produtos da buildingSMART que facilitam o processo de gerar, intercambiar e ligar modelos BIM abertos a vários dados específicos de projetos e produtos. O bSDD é baseado na ISO 12006-3:2007. (Fonte: BIMDictionary.)

Elemento da construção: Parte constituinte de uma unidade da construção com função característica, forma ou posicionamento. Observação: Na prática, quando se realiza uma análise de custos de uma unidade da construção, é fundamental que os seus elementos sejam distintos e mutuamente exclusivos, a fim de assegurar que cada parte seja contada uma única vez. (Fonte: ABNT ISO 12006-2:2018.)

Empreendimento BIM: Empreendimento de projeto, construção ou operação em que aplicativos BIM são usados como o meio principal de desenvolvimento de modelos 3D, desenhos, documentos, simulações e especificações etc. (Fonte: BIMDictionary.)

Empreendimento BIM colaborativo: Empreendimento BIM multidisciplinar que gira em torno do uso de aplicativos BIM para geração e intercâmbio de modelos baseados em objetos, ricos em dados. Um empreendimento BIM colaborativo depende da disponibilidade de outras tecnologias habilitadoras (p. ex., visualizadores de modelo ou servidores de modelo), fluxos de trabalho colaborativo, protocolos de intercâmbio de dados e arranjos contratuais adequados. Mais importante ainda, o empreendimento BIM colaborativo depende da disposição dos participantes do empreendimento de colaborar uns com os outros. (Fonte: BIMDictionary.)

Entregável BIM: Termo genérico que se refere a modelos BIM, objetos BIM, entregáveis derivados do modelo e todos os outros entregáveis do projeto/processo que sejam esperados como resultado do uso de aplicativos BIM e fluxos de trabalho BIM. (Fonte: BIMDictionary.)

Entregável do empreendimento: Os resultados globais das atividades de projeto e construção. Entregáveis do empreendimento incluem resultados físicos (estrutura da edificação sendo projetada/construída) e os resultados digitais (desenhos, modelos 3D, imagens e vários tipos de documentos). Como um termo, entregáveis do empreendimento incluem tanto entregáveis BIM quanto não BIM. (Fonte: BIMDictionary.)

Equipe do empreendimento: Refere-se aos membros de duas ou mais organizações diferentes que trabalham juntas no mesmo projeto. (Fonte: BIMDictionary.)

Escaneamento *laser*: Processo de geração rápida de dados de nuvem de pontos de estruturas construídas, instalações, equipamentos, terreno e vegetação, usando um escâner 3D a *laser* fixo, móvel ou aéreo, para posterior tratamento e obtenção de um modelo 3D. (Fonte: adaptado de BIMDictionary.)

Escâner 3D a *laser*: Unidade fixa ou móvel que gera uma nuvem de pontos usando tecnologias LIDAR (*light detection and ranging*). (Fonte: BIMDictionary.)

Espaço da construção: Espaço (3.1.8) definido pelo ambiente construído (3.1.7) ou ambiente natural (3.1.6) ou ambos, destinado à atividade ou equipamento do usuário. Observação 1: Um espaço da construção é, por exemplo, uma sala definida por piso, forro e paredes, um caminho ou uma faixa de servidão numa floresta natural, para a passagem de linhas de transmissão de energia. Observação 2: Espaços ocupados por elementos da construção são conhecidos como espaços da construção e considerados como propriedades dos próprios elementos da construção.

Espaço (de um objeto BIM): Extensão tridimensional limitada e definida física ou teoricamente. (Fonte: ABNT NBR ISO 16757-2:2018.)

Espaço de acesso (de um objeto BIM) – imagem 3 da Figura G.1: Espaço requerido pelos operadores durante a manutenção e o funcionamento do produto. (Fonte: ABNT NBR ISO 16757-2:2018.)

Espaço de instalação (de um objeto BIM) – imagem 5 da Figura G.1: O espaço necessário para montagem e instalação do produto no local ou desinstalação do produto.

Espaço de transporte e posicionamento (de um objeto BIM) – imagem 4 da Figura G.1: Espaço necessário ao maior subconjunto em que o produto possa ser dividido, para permitir que ele seja transportado para dentro ou para fora do edifício, ou para seu local de instalação.

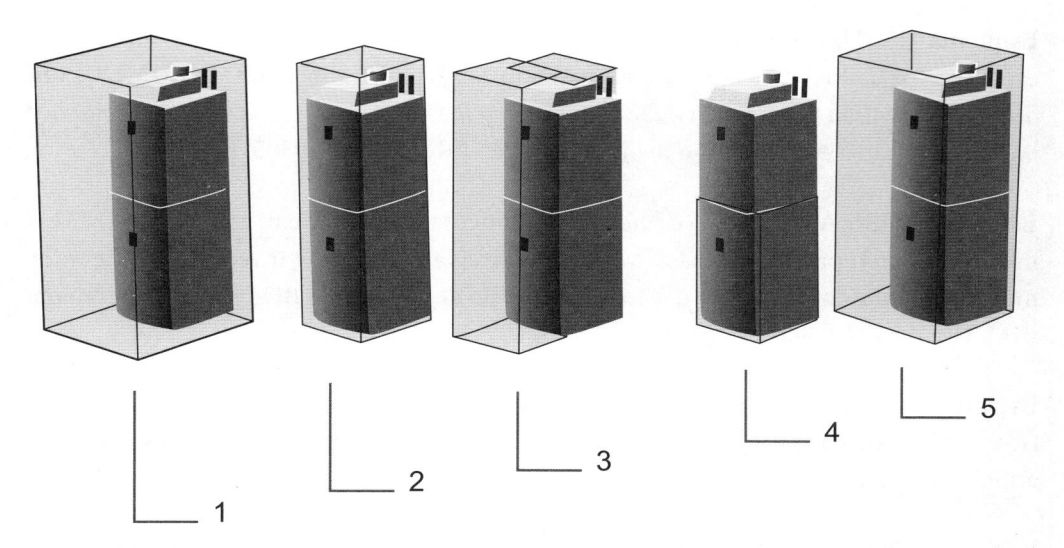

Figura G.1 Classe de espaços de um objeto BIM.
Fonte: ABNT NBR ISO 16757-2:2018.

Espaço funcional: Espaço definido pela extensão espacial de uma função. Observação: A extensão espacial definida pelas funções (ou atividades); por exemplo, em torno de uma mesa ou uma cama.

Espaço mínimo de operação (de um objeto BIM) – imagem 2 da Figura G.1: Espaço necessário para que o produto funcione corretamente, incluindo espaços para abertura de portas, escotilhas etc. (Fonte: ABNT NBR ISO 16757-2:2018.)

Espaço total (de um objeto BIM) – imagem 1 da Figura G.1: Espaço necessário para verificações preliminares automáticas de interferência, por meio de sistemas de CAD, incluindo todos os outros espaços: o espaço mínimo de operação, o espaço de acesso, o espaço de transporte e posicionamento e o espaço de instalação do produto. (Fonte: ABNT NBR ISO 16757-2:2018.)

Especificação de entrega: Documento que identifica as propriedades dos entregáveis BIM na conclusão prática de um empreendimento BIM. Essas propriedades podem incluir nível de desenvolvimento, metadados a serem incorporados (p. ex., COBie, desenhos 2D) e enviados etc. (Fonte: BIMDictionary.)

Especificações da progressão do modelo: Especificação usada em empreendimentos BIM colaborativos para identificar quem é o autor do elemento do modelo de cada elemento do modelo (ou conjunto de elementos), os elementos de troca entre participantes do empreendimento, quando trocar, e em que nível de desenvolvimento. (Fonte: BIMDictionary.)

Esquema IFC (*IFC schema*): O modelo de dados (uma representação conceitual para estruturar os dados) para o BIM, desenvolvido como padrão aberto (ISO 16739:2013 *Industry Foundation Classes (IFC) for data sharing in the construction and facility management*), segundo a especificação de linguagem EXPRESS (ISO 10303-11:2004).

Estratégia BIM: Abordagem (*ad hoc* ou documentada) para identificar objetos BIM de médio ou longo prazo e metas BIM quantificáveis (p. ex., reduzir requisições de informação) advindos da implementação ou utilização de aplicativos BIM e fluxos de trabalho BIM. (Fonte: BIMDictionary.)

Estratégia de desenvolvimento de habilidades: Enfoque documentado identificando tipos e níveis de habilidades almejadas para os funcionários e os passos necessários para atingir essas metas.

Estratégia de gerenciamento do conhecimento: Modo documentado de coletar, armazenar e compartilhar conhecimento entre funcionários ou entre organizações. (Fonte: BIMDictionary.)

Estratégia de implementação BIM: Plano documentado de alto nível para implantar aplicativos BIM, processos e protocolos BIM em uma organização. Uma estratégia de implementação BIM tipicamente inclui diversos componentes, com um plano de treinamento BIM em seu núcleo. (Fonte: BIMDictionary.)

Evento de colaboração BIM: Reunião, apresentação ou *workshop* realizado como parte de um empreendimento BIM colaborativo. Um evento pode ser realizado numa sala de reuniões, num ambiente imersivo ou *on-line* e inclui pelo menos dois participantes do empreendimento. (Fonte: BIMDictionary.)

Facilitação BIM: Processo de coordenar esforços de colaboração com base em modelos entre participantes do empreendimento dentro e fora de eventos de colaboração BIM. A facilitação BIM é tipicamente conduzida pelo coordenador de projeto, pelo Gerente do Empreendimento ou por um provedor de serviços BIM especializado. (Fonte: BIMDictionary.)

Famílias (de objeto BIM): Conjuntos de objetos que cumprem a mesma função em uma edificação, com processos produtivos semelhantes e que correspondam a tipos de produtos usuais no mercado. Em geral, são objetos que podem ter diversas propriedades alteradas ou selecionadas por meio da edição de parâmetros.

Fase de construção: A fase de construção é a segunda das três fases do ciclo de vida do empreendimento e inclui todas as atividades de construção, dentro ou fora do canteiro.

A fase de construção geralmente consiste em planejamento da construção, construção e comissionamento. (Fonte: BIMDictionary.)

Fase de operação: A fase de operação é a última das três fases do ciclo de vida do empreendimento e inclui todas as atividades pós-construção. A fase de operação geralmente consiste em gerenciamento e manutenção das facilidades, descomissionamento, requalificação e mudança de função. (Fonte: BIMDictionary.)

Fase de projeto: A fase de projeto é a primeira de três fases do ciclo de vida do empreendimento e inclui todas as atividades pré-construção. A fase de projeto tipicamente consiste em programa de necessidades, coordenação de projeto e especificação de projeto. (Fonte: BIMDictionary.)

Fase do ciclo de vida do empreendimento: Subdivisões, baseadas no tempo, de mais alto nível de um empreendimento nas várias escalas organizacionais. Na "escala" mais alta, as fases do ciclo de vida do empreendimento incluem fase de projeto [P], fase de construção [C] e fase de operação [O]. As fases são subdivididas em Subfases, que são subdivididas em partes menores. (Fonte: BIMDictionary.)

Fluxo de trabalho BIM: Fluxo de trabalho identifica as principais atividades sucessivas a serem executadas, pontos de decisão a serem tomados e marcos de entrega a serem alcançados. Um fluxo de trabalho BIM é tipicamente parte de processos BIM maiores – voltados a cumprir metas estratégicas e operacionais – e podem incluir diversos procedimentos documentados. Há dois tipos principais de fluxos de trabalho BIM: fluxos de trabalho BIM Internos e fluxos de trabalho BIM colaborativos. (Fonte: BIMDictionary.)

Fluxo de trabalho BIM colaborativo: Fluxo de trabalho baseado em modelo multiagente no qual o tipo, o cronograma e a sequência de atividades são dirigidos a facilitar a troca de dados, informações, modelos ou documentos entre participantes do empreendimento. (Fonte: BIMDictionary.)

Força-tarefa BIM: Grupo de indivíduos dentro de uma organização que têm como tarefa liderar o esforço de implantação de BIM e comunicar seus requisitos/entregáveis à gerência e aos funcionários. (Fonte: BIMDictionary.)

Forma do produto: Representação geométrica do espaço definido pelos limites externos do produto. (Fonte ABNT NBR ISO 16757-2:2018.)

Formato .ifc: Modelo de dados conforme o ifc *schema* e a linguagem STEP, definida pela norma ISO 10303-21:2016 *Industrial automation systems and integration – Product data* *representation and exchange – Part 21: Implementation methods: Clear text encoding of the exchange structure.*

Função BIM: Papel desempenhado por um indivíduo dentro de uma organização (ou uma organização dentro de uma equipe de empreendimento) que envolve a geração, modificação ou gerenciamento de modelos BIM. Exemplo de função BIM de um indivíduo seria gerente BIM ou gerente do Modelo; exemplo de função BIM para uma organização (p. ex., um provedor de serviço BIM) seria facilitação BIM. (Fonte: BIMDictionary.)

Geometria sólida construtiva – CSG (*Constructive Solid Geometry*): Tipo de modelagem geométrica em que um sólido é definido como o resultado de uma sequência de operações booleanas regulares atuantes em modelos sólidos. (Fonte: ISO 10303-42.)

Gerenciamento: Atividade de controle num processo da construção realizada por um ou mais agentes da construção.

Gerenciamento de biblioteca BIM: Desenvolvimento ou gerenciamento de bibliotecas de objetos BIM, conforme exigido para a entrega padronizada de empreendimentos BIM. (Fonte: BIMDictionary.)

Gerenciamento de instalação – FM (*Facilities Management*): todos os serviços que ocorrem antes, durante e após a utilização de empreendimentos imobiliários e de infraestrutura com base em uma estratégia integrada. (Fonte: ISO 16484-2:2004.)

Gerenciamento de modelo BIM: Conjunto de atividades para preparar ou manter um modelo BIM num nível de qualidade/desempenho prescrito. O gerenciamento de modelo inclui numerosas tarefas para garantir que o modelo BIM: segue padrões da organização ou do empreendimento, está livre de erros, está no nível de desenvolvimento correto etc. (veja também Gerente BIM do empreendimento). (Fonte: BIMDictionary.)

Gerenciamento de mudanças: Gerenciamento de mudança específico para o BIM se refere aos esforços despendidos por organizações para apoiar seus funcionários (como indivíduos ou como grupos) a aceitar e abraçar as mudanças causadas pelo BIM nos seus ambientes operacionais. (Fonte: BIMDictionary.)

Gerente BIM (de uma organização): Pessoa responsável por liderar o processo de implementação BIM, ou de monitorar os processos BIM em andamento dentro de uma organização e dar suporte ao desenvolvimento de novos serviços BIM, em busca de melhoria de eficiência de processos baseados em modelos (veja também Gerente BIM do empreendimento). (Fonte: adaptado de BIMDictionary.)

Gerente BIM do empreendimento: Função BIM desempenhada por uma pessoa ou uma organização em nome de toda a equipe do empreendimento. O gerente BIM do empreendimento tem muitas responsabilidades, definidas no plano de execução BIM, que incluem: facilitação BIM, coordenação de atividades de intercâmbio de dados, cumprimento de especificações de projeto predefinidas e especificações de entrega predefinidas e controle geral da qualidade do modelo. (Fonte: adaptado de BIMDictionary.)

Gerente do modelo: Função organizacional interna; um gerente do modelo geralmente é responsável por manter um modelo BIM atualizado, sem erros e conforme padrões organizacionais (veja também Gerente de modelo do empreendimento). (Fonte: BIMDictionary.)

Gestão eletrônica de documentos: Gestão eletrônica de documentos é uma solução de *software* para gerenciar o armazenamento, a recuperação e o fluxo de trabalho de recursos eletrônicos (no seu formato nativo/original) e seus metadados por mais de um repositório central. O fluxo de trabalho tipicamente inclui regras de negócio cobrindo permissões, *check-in/check-out* e processos de aprovação. (Fonte: BIMDictionary.)

***Global trade item number* – GTIN (identificador para itens comerciais):** usado para pesquisar informações do produto em um banco de dados GS1. (Fonte: ABNT NBR ISO 16757-1:2018.)

Habilidade BIM: Habilidade BIM geralmente gira em torno de gerar modelos BIM e objetos BIM, realizar detecção de interferências e tipos similares de tarefas técnicas. A habilidade BIM é o que pode ser aprendido por atividades de treinamento de curto prazo. (Fonte: BIMDictionary.)

***Hardware* BIM:** Computadores, equipamentos e periféricos usados com o objetivo de gerar modelos BIM e usos do Modelo. Portanto, *hardware* BIM se refere a *laptops, tablets, desktops*, escaneadores 3D a *laser*, câmeras, impressoras 2D/3D e quaisquer outros equipamentos necessários para gerar entregáveis BIM. (Fonte: BIMDictionary.)

Identificador global único – GUID (*globally unique identifiers*): Os sistemas IFC, IFD e outros utilizam um algoritmo para gerar identificadores únicos globais. O algoritmo garante a unicidade do UID, independentemente do aplicativo pelo qual ele é gerado. No entanto, todos os sistemas podem gerar o seu próprio GUID para o mesmo conceito. (Fonte: ABNT NBR ISO 16354:2013.)

Identificador único – UID (*unique identifier*): Papel de uma sequência de caracteres quando usada como referência não ambígua a um conceito ou uma coisa individual (p. ex., objeto físico, aspecto, fato ou tipo de relação) e que é único dentro de um contexto comum, preferivelmente num contexto universal.

Observação: A função de um identificador único é ser, independentemente da linguagem, referência única para um conceito, relação ou coisa individual. Os intervalos ou as convenções para identificadores únicos devem ser acordados entre as partes, a fim de evitar a sobreposição com outras partes quando se pretende realizar a troca ou integração de dados. (Fonte: ABNT NBR ISO 16354:2013.)

Implementação BIM: Implementação BIM refere-se ao conjunto de atividades desenvolvidas por uma unidade organizacional para preparar-se, implementar ou melhorar seus entregáveis BIM (produtos) e seus fluxos de trabalho relacionados (processos). A implementação BIM é composta por três etapas: prontidão BIM, capacitação BIM e maturidade BIM. (Fonte: BIMDictionary.)

Industry foundation classes **(IFC):** O IFC se refere a uma especificação (esquema) neutra/aberta e a um "formato de arquivo BIM" não proprietário desenvolvidos pela buildingSMART. A maioria dos aplicativos BIM suporta a importação e exportação dos arquivos IFC (veja também a ISO 16739). (Fonte: BIMDictionary.)

Informação: Dados com significado (ver ISO 9000:2015 Sistemas de gestão da qualidade – Fundamentos e vocabulário).

Informação da construção: Informação de interesse num processo de construção. Observação: A informação da construção pode ser tanto um recurso da construção quanto um resultado da construção. (Fonte: ABNT ISO 12006-2:2018.)

Instância: Aplicação de um objeto BIM em local de um modelo BIM. A instância deve respeitar as propriedades do tipo, sendo acrescentadas informações específicas relativas a seu posicionamento, como data de instalação, data de garantia e outras convenientes a cada tipo.

Instância de objeto BIM: Representação virtual da aplicação de um objeto BIM de uma mesma classe específica em um ponto ou local do modelo BIM.

Instrutor BIM: Função de suporte de BIM, dedicada ao treinamento de pessoal no uso de aplicativos BIM e nos fluxos de trabalho associados a eles. (Fonte: BIMDictionary.)

Intercâmbio: Refere-se à "troca interoperável" entre participantes do empreendimento. O termo se aplica igualmente quando duas ou mais organizações usam o mesmo esquema de dados proprietário (por uso do mesmo software – p. ex., Revit) ou usam um esquema de dados aberto, não proprietário (p. ex., IFC) para intercambiar modelos BIM e outras informações. (Fonte: BIMDictionary.)

Manual do instrutor: Documento especialmente desenvolvido para auxiliar instrutores no desenvolvimento/ministração de treinamento padronizado. (Fonte: BIMDictionary.)

Material didático: Todos os tipos de mídia (p. ex., manual impresso, *post* em *blog* ou vídeo *on-line*) que entrega saber prático ou conceitual adequado para educação, treinamento ou desenvolvimento profissional dentro da indústria ou academia. (Fonte: BIMDictionary.)

Material instrucional: Documentos, livros e material audiovisual usados para treinamento autoinstrucional ou conduzido por um instrutor. Material instrucional pode ser um recurso físico (p. ex., manual do instrutor) ou um recurso digital (p. ex., DVD, vídeo *on-line*, conjuntos de dados de exemplo etc.) (Fonte: BIMDictionary.)

Matriz de autoria e responsabilidade: Documento integrante do plano de execução BIM que descreve as responsabilidades de desenvolvimento de cada elemento previsto para o projeto, ao longo da evolução do projeto.

Maturidade BIM: Relativo ao nível de evolução no tratamento da informação ao longo do processo de projeto A norma ISO/DIS 19650-1, *Organization of information about constructions Works – Information management using building information modelling*, que define os estágios de 0 (zero) até 3 (três). No estágio 0 (zero), a informação não está estruturada e o processo é imprevisível, pouco controlado e a organização é reativa. No estágio 1, o processo está caraterizado, mas a organização ainda é reativa. No estágio 2, o processo está caraterizado e a organização é proativa. Finalmente, no estágio 3 o foco é a melhoria dos processos, que estão monitorados e controlados.

Maturidade BIM estágio 1: O estágio BIM 1 é o primeiro dos três estágios BIM. Esse estágio de implementação BIM é iniciado quando um aplicativo BIM (p ex., ArchiCAD, Revit, Digital Project ou Tekla) é implementado dentro de uma organização. No estágio BIM 1, os usuários criam modelos monodisciplinares na fase de projeto [P], fase de construção [C] ou fase de operação [O] – as três fases do ciclo de vida do empreendimento. Exemplos de entregáveis BIM nesse estágio incluem modelos de projetos que serão utilizados primariamente para automatizar a geração e coordenação de documentação 2D, visualização 3D, exportação de dados básicos (p. ex., tabelas de portas, volumes de concreto, custos de móveis e equipamentos etc.) ou modelos 3D leves (p. ex., 3D DWF, 3D PDF, NWD etc.) que não têm atributos paramétricos modificáveis. Práticas colaborativas no estágio BIM 1 são similares ao estado pré-BIM e não há Intercâmbio relevante de modelos entre as diferentes disciplinas. O intercâmbio de dados entre as partes interessadas é unidirecional e a comunicação continua a ser assíncrona e desconexa. O estágio BIM 1 é precedido pelo pré-BIM e seguido do estágio BIM 2. (Fonte: adaptado de BIMDictionary.)

Maturidade BIM estágio 2: Nesse segundo estágio da implementação BIM, os participantes do empreendimento colaboram ativamente utilizando modelos multidisciplinares. A colaboração pode ocorrer de diversas formas técnicas, dependendo da escolha dos aplicativos BIM de cada organização. O estágio BIM 2 (ou colaboração baseada em modelos) inclui o intercâmbio de modelos BIM ou modelos parciais em formatos proprietários ou não proprietários e deve ocorrer dentro de uma ou entre duas fases do ciclo de vida do empreendimento. Exemplos de trocas no estágio BIM 2 incluem: intercâmbio de modelos de arquitetura e estrutura (ocorrendo dentro da fase de projeto) ou intercâmbio de modelos de estrutura e de detalhamento de estruturas metálicas (ocorrendo entre a fase de projeto e a fase de construção). Durante o estágio BIM 2, o intercâmbio de modelos é de mão dupla (não existe um modelo integrado central para todos utilizarem) e alguns dos principais participantes do empreendimento podem ainda estar utilizando ferramentas e fluxos de trabalho pré-BIM. O estágio BIM 2 é precedido pelo estágio BIM 1 e seguido do estágio BIM 3. (Fonte: adaptado de BIMDictionary.)

Maturidade BIM estágio 3: No terceiro estágio da implementação BIM, modelos integrados ou modelos federados ricos de dados são criados, compartilhados e mantidos colaborativamente por todas as três fases do ciclo de vida do empreendimento. Essa integração é atingida tipicamente pelas tecnologias de servidor de modelo, que podem combinar modelos BIM originários de diversos aplicativos BIM. No estágio BIM 3, os dados (e não formatos de arquivo) se tornam o centro do processo de colaboração e o intercâmbio de modelos passa de um cenário de troca um para um para um de troca de muitos para muitos. A colaboração não é mais limitada aos consultores primários, mas inclui a maioria da equipe do empreendimento por meio de todas as fases do ciclo de vida do empreendimento. O modelo integrado central agora tem *links* para repositórios externos de dados (p. ex., modelos de produto, base de dados GIS etc.). (Fonte: adaptado de BIMDictionary.)

Meta BIM: Metas BIM fazem parte de uma estratégia BIM. Ao contrário dos objetivos BIM, as metas BIM são de natureza quantitativa. Exemplos de metas BIM incluem reduzir o número de RFIs e aumentar as taxas de retenção da equipe. (Fonte: BIMDictionary.)

Modelagem 3D: O uso de ferramentas de *software* para gerar geometrias tridimensionais como superfícies (p. ex., Trimble SketchUp) ou sólidos não paramétricos. (Fonte: BIMDictionary.)

Modelagem da informação da construção (BIM): Processo de desenvolvimento de projeto que resulta em uma representação digital das características físicas e funcionais de uma instalação (obra de edificação ou de infraestrutura). O resultado se constitui um modelo de informações consistentes sobre a construção/obra, podendo ser compartilhado para decisões durante todo o seu ciclo de vida. (Fonte: adaptado do Regulamento da Biblioteca Nacional BIM requisitos e diretrizes para avaliação e aceitação de objetos BIM, 2018.)

Modelo BIM *as built*: Desenvolvido a partir do modelo BIM para coordenação, representa o resultado acabado da construção com todos seus elementos e equipamentos, sendo constituído majoritariamente por componentes BIM em ND 500. Nele devem ser inseridas as informações dos componentes, inclusive equipamentos, relativas à sua execução ou instalação, bem como as necessárias para a operação, manutenção e garantia, em que pertinentes e de acordo com o BEP.

Modelo BIM da cidade: Tipo de modelo BIM representando cidades ou bairros inteiros. (Fonte: BIMDictionary).

Modelo BIM da Informação da Construção: É o modelo 3D rico em dados, baseado em objetos, gerado por um participante do empreendimento usando um aplicativo BIM. (Fonte: BIMDictionary.)

Modelo BIM de autoria: É aquele utilizado por um projetista para o desenvolvimento e documentação de propostas com uso de aplicativo BIM para projetos.

Modelo BIM federado: Constituído pelos modelos BIM para coordenação de diversas disciplinas, com controle de acesso de modo que todos possam visualizar e comentar o conjunto, mas só possam editar os próprios arquivos.

Modelo BIM monodisciplinar: Modelo BIM pertencente a uma única disciplina – arquitetônica, estrutural, mecânica etc. (Fonte: BIMDictionary.)

Modelo BIM multidisciplinar: Modelo BIM que agrega vários modelos monodisciplinares num só. Um modelo multidisciplinas pode ser ou um modelo federado ou um modelo integrado. (Fonte: BIMDictionary.)

Modelo BIM para construção: Desenvolvido a partir do modelo BIM para coordenação de modo a incluir os elementos e equipamentos complementares necessários para a realização da obra, como andaimes, gruas, formas etc. Utilizado para a elaboração do planejamento 4D (andamento e prazos) ou 5D (andamento, prazos e custos), bem como para análise de construtibilidade.

Modelo BIM para coordenação: É uma versão do modelo de autoria sem as informações relativa à documentação, contendo apenas as informações determinadas no BEP.

Modelo BIM para fabricação /modelo para produção: Modelo BIM elaborado por um fornecedor especializado com base no modelo para construção para orientar a pré-fabricação, ou a execução racionalizada, de componentes ou elementos da construção.

Modelo sólido: Representação completa da forma nominal de um produto de modo que todos os pontos no interior estejam conectados e que qualquer ponto possa ser classificado como interior, no exterior ou no limite de um sólido. (Fonte: ISO 10303-42: 2014, 6.4.1.)

Nível de Desenvolvimento – ND: É o grau em que a geometria do elemento e as informações anexadas foram conceituadas, o grau de confiança que os membros da equipe do projeto depositam na informação ao utilizar o modelo.

Nível de desenvolvimento 100: Elemento do modelo pode ser representado graficamente no modelo com um símbolo ou outra representação genérica, mas não satisfaz os requisitos para LOD 200. Informações relacionadas ao elemento do modelo (i. e., custo por m^2 quadrado, tonelagem de HVAC etc.) podem ser derivadas de outros elementos do modelo. (Fonte: Regulamento da Biblioteca Nacional BIM, 2018.)

Nível de desenvolvimento 200: O elemento do modelo é representado graficamente como um sistema genérico, objeto ou montagem com quantidades aproximadas, tamanho, forma, localização e orientação. As informações não gráficas também podem ser anexadas ao elemento modelo. (Fonte: Regulamento da Biblioteca Nacional BIM, 2018.)

Nível de desenvolvimento 300: O elemento do modelo é representado graficamente como um sistema, objeto ou conjunto específico em termos de quantidade, tamanho, forma, localização e orientação. As informações não gráficas também podem ser anexadas ao elemento modelo. (Fonte: Regulamento da Biblioteca Nacional BIM, 2018.)

Nível de desenvolvimento 350: O elemento do modelo é representado graficamente como um sistema, objeto ou conjunto específico em termos de quantidade, tamanho, forma, orientação e interfaces com outros sistemas de construção. Informações não gráficas também podem ser anexadas ao elemento do modelo. (Fonte: Regulamento da Biblioteca Nacional BIM, 2018).

Nível de desenvolvimento 400: O elemento do modelo é representado graficamente como um sistema, objeto ou conjunto específico em termos de tamanho, forma, localização, quantidade e orientação com detalhes, fabricação, montagem e informações de instalação. Informações não gráficas também podem ser anexadas ao elemento do modelo. (Fonte: Regulamento da Biblioteca Nacional BIM, 2018.)

Nível de desenvolvimento 500: O elemento do modelo é uma representação verificada em campo em termos de tamanho, forma, localização, quantidade e orientação. Informações não gráficas também podem ser anexadas aos elementos do modelo. (Fonte: Regulamento da Biblioteca Nacional BIM, 2018.)

Nível de detalhe: É uma qualidade da definição geométrica da forma. É importante não o confundir com o nível de desenvolvimento (ND), uma qualidade do nível de informação no objeto, inclusive gráfica, mas não apenas ela. O objeto BIM pode apresentar diferentes níveis de detalhe, sendo cada um requerido conforme a classe de tipologia de representação de objeto BIM. (Fonte: Regulamento da Biblioteca Nacional BIM, 2018.) Ele apresenta mais de uma possibilidade de definição, seja por uma graduação de 1 a 5, ou conforme seu uso, como descrito a seguir.

Nível de detalhe 1: Forma simbólica com geometria simplificada, destinada a projetos esquemáticos, como a visão geral dos sistemas de instalação predial. O símbolo representa a função principal do produto. O símbolo distingue, por exemplo, registro "corta fogo" (*fire damper*) de um duto, um radiador de um aquecedor, uma banheira de uma pia e uma válvula de um de um medidor de pressão. A geometria pode conter quatro formas simbólicas para serem usadas como uma vista superior 2D, uma vista frontal 2D, uma vista lateral 2D ou como modelo 3D. (Fonte: ABNT ISO 16757:2018.)

Nível de detalhe 2: Forma simbólica com geometria detalhada destinada para conceber esquemas como visão geral dos sistemas de instalação predial. Esse símbolo representa explicitamente a função principal e as subfunções do produto. A geometria pode conter quatro formas simbólicas para serem usadas como uma vista superior 2D, uma vista frontal 2D, uma vista lateral 2D ou como modelo 3D. (Fonte: ABNT ISO 16757:2018).

Nível de detalhe 3: Forma geométrica 3D simplificada, concebida à medida que seja possível uma classificação básica em um grupo de produtos. Distingue, por exemplo, um registro corta fogo (*fire damper*) de um duto, um radiador de um aquecedor, uma banheira de uma pia e uma válvula de um de um medidor de pressão. O principal objetivo desse nível é proporcionar o máximo desempenho para sistemas CAD 3D. Portanto, a forma geométrica desse nível deve ser tão simples quanto possível. (Fonte: ABNT ISO 16757:2018.)

Nível de detalhe 4: Forma geométrica 3D detalhada, concebida à medida que seja quase possível uma distinção entre produtos de diferentes fabricantes. As principais diferenças geométricas no estilo da forma podem ser exibidas. O principal objetivo desse nível é separar produtos diferentes, ao mesmo tempo garantindo um desempenho aceitável dos sistemas de CAD 3D. (Fonte: ABNT ISO 16757:2018.)

Nível de detalhe 5: Forma geométrica 3D altamente detalhada, concebida à medida que sejam visíveis todas as principais propriedades geométricas de um produto. Isso fornece uma visão quase fotorrealista do produto, sem representar detalhes de menor interesse, como rebites ou emendas de chapas metálicas planas. O principal objetivo desse nível é apresentar produtos específicos para usuários finais ou criar visualizações detalhadas para destacar determinadas instâncias de produtos em modelos de sistemas instalações prediais. Os pontos de conexão serão definidos de maneira distinta nos níveis 1 e 2, de acordo com os requisitos específicos de cada nível. A representação espacial 3D dos pontos de conexão nos níveis 3, 4 e 5 são as mesmas. (Fonte: ABNT ISO 16757:2018.)

Nível de detalhe de coordenação: Contém as informações de geometria necessárias para a análise de coordenação entre os diferentes objetos do modelo. Deve permitir que o tipo e modelo de produto representado seja reconhecido. (Fonte: Regulamento da Biblioteca Nacional BIM, 2018.)

Nível de detalhe de visualização: Aquele adequado para a correta percepção do produto que representa. (Fonte: Regulamento da Biblioteca Nacional BIM, 2018.)

Nível de detalhe esquemático: Aquele que fornece os limites de sua forma geométrica (*boundary box*) e é obrigatório para todos os tipos de objetos. (Fonte: Regulamento da Biblioteca Nacional BIM, 2018.)

Nível de informação: é o conteúdo de informação não gráfica de um objeto BIM em um ponto específico do desenvolvimento do projeto. Refere-se às propriedades de um objeto, p. ex. massa, especificação, custo etc.

Nuvem de pontos: Conjunto de pontos de dados em 3D que normalmente são criados por escaneadores 3D a *laser* para capturar um objeto, espaço ou todo um edifício. As nuvens de pontos podem ser transformadas em malhas, superfícies e até em objetos 3D usando ferramentas especializadas. Os arquivos de nuvem de pontos podem ser importados na maioria dos aplicativos BIM para gerar modelos *as built* ou partes do modelo. (Fonte: BIMDictionary.)

Objetivo BIM: Objetivos BIM fazem parte de uma estratégia BIM e de um plano de execução BIM. Em oposição às metas BIM, os objetivos BIM são de natureza qualitativa. Exemplos de objetivos BIM incluem buscar tornar-se um líder BIM ou buscar aumentar a motivação da equipe. (Fonte: BIMDictionary.)

Objeto: Qualquer parte do mundo perceptível ou concebível. Um objeto é algo abstrato ou físico em direção ao qual são direcionados o pensamento, o sentimento ou a ação. (Fonte: ABNT ISO 12006-2:2018.)

Objeto BIM: Representação digital de um produto ou de um resultado da construção que contempla suas características geométricas e também pode conter os parâmetros funcionais e de especificação. São os componentes básicos para o desenvolvimento de modelos BIM. Eles são uma combinação de diferentes conteúdos: a geometria que representa as características de forma e dimensão do produto, o conteúdo de informação que descreve o produto e suas características não geométricas, inclusive dados gráficos para sua visualização, como símbolos, texturas e cores de acabamento etc., o conteúdo de dados que descrevem sua funcionalidade, como qual o elemento hospedeiro e outras propriedades que permitem ao objeto ser posicionado e atuar de modo similar ao produto que representa. Somados, eles permitem uma representação digital de um produto da construção, um acessório ou parte desses, ou, ainda, de um resultado da construção, que contemplam suas características geométricas, mas também podem conter dados sobre funcionalidade, para a operação, para a manutenção e reúso ou demolição do produto que representa. Um objeto BIM deve permitir sua aplicação em diversas instâncias, cada qual com propriedades específicas, mas sempre respeitando as propriedades da classe superior e a hierarquia do modelo BIM. (Fonte: adaptado do Regulamento da Biblioteca Nacional BIM, 2018.)

Objeto BIM genérico: Aquele utilizado para posicionar a necessidade de um objeto específico, utilizados nas etapas iniciais de concepção, a serem especificados quando ocorrer a evolução do projeto. Deve prever o atendimento das diretrizes de ND 200, mas pode incluir dados de visualização e grafismos em resoluções mais elevadas. (Fonte: adaptado do Regulamento da Biblioteca Nacional BIM, 2018.)

Objeto BIM personalizado: Aquele que representa um componente ou um "produto projetado" (*design object*). Deve prever o atendimento das diretrizes de ND 300 ou superior. Obrigatoriamente, deve conter os campos relativos aos dados necessários para descrever suas funcionalidades, e convém que esses campos contenham essas informações. (Fonte: adaptado do Regulamento da Biblioteca Nacional BIM, 2018.)

Objeto BIM proprietário: Representa um produto de catálogo de um fabricante e inclui especificações técnicas definidas pelo fornecedor, como desempenho, garantia, especificação de modelo e outras. Podem estar incluídos campos de dados para a operação e manutenção do produto que representa, como um *link* para um manual de manutenção. Deve prever o atendimento das diretrizes de ND 350 ou superior. (Fonte: adaptado do Regulamento da Biblioteca Nacional BIM, 2018.)

Objeto da construção: Objeto de interesse e relevância no contexto do processo da construção. (Fonte: ABNT ISO 12006-2:2018.)

Padrão de modelagem: As normas acordadas para o desenvolvimento de um modelo BIM de acordo com níveis de desenvolvimento, sistemas de classificação, protocolos de nomeação ou similares. (Fonte: BIMDictionary.)

Parceiro no empreendimento: Indivíduos ou organização que voluntariamente compartilham ou combinam seus recursos para entregar um empreendimento ou para submeter proposta, participar de uma concorrência/competição ou similar. (Fonte: BIMDictionary.)

Participante BIM: Participantes BIM são todos os interessados da indústria da construção (proprietários, projetistas, seguradoras e revendas de *software*). Participantes BIM podem ser indivíduos, organizações ou grupos. Participantes BIM são um dos três componentes dos campos BIM que também incluem entregáveis BIM e requisitos BIM. Participantes BIM podem ser organizados em tipos de participantes e grupos de participantes. (Fonte: BIMDictionary.)

Participante do empreendimento: O termo refere-se a indivíduos ou organizações indicadas pelo cliente/proprietário, pelo coordenador de projeto ou pela entidade de projeto e construção (também conhecida como empresa de Projeto Integrado) para participar de um empreendimento. (Fonte: BIMDictionary.)

Plano de Execução BIM (BEP): Plano que explana como os aspectos da gestão da informação serão conduzidos pela equipe de entrega. (Fonte: ABNT NBR ISO 19650-2:2022 Gestão da informação utilizando a modelagem da informação da construção – Parte 2: Fase de entrega de ativos.)

Plano de gerenciamento BIM: Documento formal usado para definir como um empreendimento BIM colaborativo será desenvolvido. Um Plano de Gerenciamento BIM (*BIM Management Plan* – BMP ou BEP) inclui formulários e instruções detalhadas cobrindo funções BIM, padrões de modelagem e protocolos de troca de dados. (Fonte: adaptado de BIMDictionary.)

Plano de instalação de *hardware*: Plano (diagrama de Gantt ou similar) cobrindo quando instalar, substituir ou atualizar *hardware*. (Fonte: BIMDictionary.)

Plano de qualidade do empreendimento: Plano tipicamente ativado no início de cada empreendimento, que geralmente faz parte da estratégia geral de gestão da qualidade de uma organização. Um plano de qualidade do modelo inclui listas de tarefas, listas de verificação e formulários usados pela equipe operacional para monitorar entregáveis do empreendimento e garantir que sejam consistentes com os requisitos do cliente e os padrões de qualidade aplicáveis. (Fonte: BIMDictionary.)

Ponto de adoção: Ponto de adoção (PoA) marca o "salto de capacidade" inicial do *status* (Prontidão BIM) ou pré-BIM para a capacidade BIM mínima (estágio BIM 1). PoAs secundários também são identificáveis no início dos outros dois estágios BIM. (Fonte: BIMDictionary.)

Pontos de conexão (de um objeto BIM): São dados que permitem a instalação automatizada de componentes de instalação predial em um sistema (p. ex., o ajuste automático) e verificações geométricas para determinar se a instalação em um sistema é viável e adequada. Devem fornecer todos os dados necessários para identificar as conexões do produto dentro de um modelo de sistema de instalação predial e para determinar se ambas as conexões se encaixam ou não. Podem ser pontos de conexão de fluidos de transporte; pontos de fixação ou pontos de conexão para sinal de controle e monitoramento. (Fonte: adaptado de ABNT NBR ISO 16757-2:2018.)

Pré-BIM: Estado anterior à introdução de ferramentas e fluxos de trabalho BIM. O pré-BIM precede a implementação BIM nas organizações (e mercados) e indica a contínua dependência do desenho à mão, cálculos manuais e documentação baseada em CAD 2D/3D. (Fonte: BIMDictionary.)

Prevenção de interferências: Esforço consciente para evitar sobreposições espaciais e/ou conflitos semânticos entre modelos BIM gerados por diferentes disciplinas. Prevenção de interferências é parte importante da coordenação espacial e pode ser testada pela detecção de interferências. (Fonte: BIMDictionary.)

Processo da construção: Processo que utiliza *recursos da construção* para alcançar *resultados da construção*. Observação 1: Cada processo da construção pode ser subdividido nos seus processos componentes. Observação 2: Veja também ISO 22263:2008. (Fonte: ABNT ISO 12006-2:2018.)

Processo de aquisição BIM: Abordagem de aquisição específica de empreendimentos/serviços, em que aplicativos BIM são exigidos ou em que entregáveis BIM são esperados. Processo de aquisição BIM tipicamente inclui o uso de chamada para propostas, especificações de entrega ou documento similar focado em BIM. (Fonte: BIMDictionary.)

Processo de manutenção: Processo da construção que preserva as funções ou realiza a operação do ambiente construído. (Fonte: ABNT ISO 12006-2:2018.)

Processo de pré-concepção (incepção): Processo da construção que determina as propriedades da construção para o ambiente construído antes do desenvolvimento do projeto. (Fonte: adaptado de ABNT ISO 12006-2:2018.)

Processo de produção: Processo de construção que resulta no ambiente construído. Observação: O processo de produção inclui os processos de demolição e reciclagem. (Fonte: ABNT ISO 12006-2:2018.)

Processo de projeto: Processo da construção que determina as propriedades da construção para o ambiente construído, antes que ele seja fisicamente construído. (Fonte: ABNT ISO 12006-2:2018.)

Produto para construção: Produtos destinados a serem usados como recursos da construção (Fonte: ABNT ISO 12006-2:2018.). Observação: Produtos para construção apresentam diferentes complexidades e podem, isoladamente ou em conjunto com outros, constituírem as partes de uma unidade construída, em qualquer nível de montagem. (Fonte: ABNT ISO 12006-2:2018.)

Programa de treinamento BIM: Um Diagrama de Gantt ou similar para organizar a alocação de treinamento para usuários ao longo do tempo. Um Programa de Treinamento BIM tipicamente inclui três componentes principais: tópico a ser ministrado, nome do treinando e data do treinamento. (Fonte: BIMDictionary.)

Propriedade: Característica dos componentes da construção, sempre referenciada a eles. (Fonte: ABNT ISO 15965-1:2011.)

Propriedade (de um objeto): Parâmetro definido aplicável para a descrição e diferenciação de produtos. (Fonte: ISO/TS 13399-5:2014.). Observação: A descrição de um produto é a descrição de suas propriedades.

Propriedade BSS: Propriedade técnica que descreve um aspecto do estado atual de um sistema de instalação. (Fonte: ABNT NBR ISO 16757-1:2017.)

Propriedade de seleção: Propriedade que é usada para a seleção de um produto entre as variantes do produto de um catálogo. (Fonte: ABNT NBR ISO 16757-1:2018.)

Propriedade dinâmica: Propriedade técnica que reflete o comportamento do produto nas condições operacionais do sistema de instalação predial em que o produto está instalado. (Fonte: ABNT NBR ISO 16757-1:2017.)

Propriedade estática: Propriedade técnica que é independente das condições de operação do sistema de instalação predial em que o produto está instalado e que obtém o seu valor fixo a partir do catálogo (do produto). (Fonte: ABNT NBR ISO 16757-1:2018.)

Propriedade técnica: Propriedade que é usada para representar dados técnicos e funções para o projeto, cálculo e simulação do produto. (Fonte: ABNT NBR ISO 16757-1:2018.). Observação: As propriedades técnicas compreendem propriedades técnicas estáticas e dinâmicas.

Propriedades de construção: Propriedades de um objeto da construção.

Protocolo BIM: Métodos formais e documentados de comunicação, intercâmbio, manutenção e entregas BIM (p. ex., plano de gerenciamento BIM). Observação: Usuários do Reino Unido referem-se ao termo protocolo BIM CIC. (Fonte: BIMDictionary.)

Protocolo de intercâmbio de dados: O acordo formal entre os participantes do empreendimento cobrindo formatos de arquivos e especificações de dados para serem usados no intercâmbio de modelos, documentos e outros tipos de informação estruturada do empreendimento. (Fonte: BIMDictionary.)

Protocolo de nomeação: Protocolos de nomeação são os formatos de nomeação acordados dentro das organizações e de uma equipe do empreendimento (veja também convenção de nomeação). (Fonte: BIMDictionary.)

Provedor de serviços BIM: Indivíduo ou organização oferecendo um serviço construído em torno de ferramentas BIM, objetos e processos relacionados. Um provedor de serviços BIM pode ser um gerente de modelo independente, um instrutor BIM, um consultor BIM, um facilitador BIM ou similar. Organizações terceirizadas que oferecem serviços de modelagem ou auditagem de modelos também são enquadradas nesse termo. (Fonte: BIMDictionary.)

PseudoBIM: O ato de promover uma visão imprecisa ou falsa de sua habilidade ou credenciais em BIM. PseudoBIM (BIM *Wash*) aplica-se a todos os tipos de participantes BIM e pode ser medido usando uma escala de cinco níveis: (0) não há pseudoBIM ou não é feita nenhuma afirmação sobre sua capacitação em BIM; (1) confusão ou pseudoBIM involuntário; (2) inexperiência ou pseudoBIM leve; (3) exagero ou pseudoBIM considerável; e (4) ilusão ou pseudoBIM grave. (Fonte: BIMDictionary.)

Qualificação BIM: O resultado (ou testemunho) da conclusão de uma série de atividades dentro de um programa de certificação ou sistema de acreditação focado em competências BIM ou capacitação BIM. A qualificação BIM deve cobrir uma série de tópicos técnicos e não técnicos; deve ser formal (p. ex., fornecida por um instituto ou autoridade acreditada) ou informal (p. ex., fornecida pelo desenvolvedor ou revenda do *software*); e pode ser considerada um pré-requisito para a designação ou emprego em um empreendimento. (Fonte: BIMDictionary.)

Recorte (*clipping*): Operação aplicada a um modelo geométrico para remover partes do modelo além de um limite definido. (Fonte: ABNT NBR ISO 16757-2:2018.)

Recursos da construção: Objetos da construção utilizados num processo da construção para alcançar um resultado da construção. (Fonte: ABNT ISO 12006-2:2018.)

Registro de Habilidades: Documento, planilha ou banco de dados que identifica as habilidades dos funcionários e seus níveis atuais. Um registro de habilidades tipicamente inclui um diário de treinamento. (Fonte: BIMDictionary.)

Resultado da construção: Objeto da construção que é formado, ou tem seu estado modificado, como resultado de um ou mais processos da construção, que utilizem um ou mais recursos da construção. (Fonte: ABNT NBR 15965-1:2011 Sistema de classificação da construção – Parte 1: Terminologia e estrutura.)

Resultado de trabalho: Visão do resultado da construção por tipo de atividade de trabalho e pelos recursos usados. (Fonte: ABNT NBR 15965-1:2011 Sistema de classificação da construção – Parte 1: Terminologia e estrutura.) Observação: Um resultado de trabalho da construção pode viabilizar ou gerar outros recursos da construção.

Resultado do ciclo de vida da construção: Período de tempo desde a concepção até a demolição de um resultado da construção. (Fonte: ABNT NBR 15965-1:2011 Sistema de classificação da construção – Parte 1: Terminologia e estrutura.)

Servidor de modelo (BIM *server*): Solução de *software* (instalada em um servidor local ou hospedada na nuvem) que permite que modelos multidisciplinares possam ser agrupados e geridos de forma centralizada. Servidores de modelo são um tipo de ambiente de modelagem federado e dependem tipicamente de formatos abertos não proprietários, similares ao Industry Foundation Classes (IFC). (Fonte: BIMDictionary.)

Sistema de acreditação: Acreditação é um endosso à conformidade (a padrões estabelecidos) ou um atestado de competência. Um sistema de acreditação gera um certificado, uma pontuação ou uma declaração de acreditação baseada em avaliações especializadas. Existem muitos tipos de sistemas de acreditação e aqueles adequados para a medição de desempenho BIM são baseados em sistemas de gestão da qualidade, modelos de desempenho, certificação baseada em competências e/ou modelos de maturidade da capacidade. (Fonte: BIMDictionary.)

Sistema de construção: Objetos de construção que interagem e são organizados para atingir um ou vários propósitos. (Fonte: ABNT ISO 12006-2:2018.)

Sistema de instalação predial – BSS (*Building Services System*): Sistema técnico que fornece instalações prediais em uma edificação para atender a uma função. (Fonte: adaptado de ISO 16484-2.)

Sistemas prediais *building services*: Utilidades e instalações fornecidas e distribuídas no interior de uma edificação como eletricidade, gás, aquecimento, água e comunicações. (Fonte: ISO 16484-2.)

Sólido primitivo paramétrico: Modelo de um sólido primitivo definido; por exemplo, bloco, cilindro, esfera ou cone cujas dimensões são representadas por parâmetros para gerar variantes. (Fonte: ABNT NBR ISO 16757-2:2018.)

Superfície do produto: Cor e textura do limite exterior da forma do produto cuja aparência renderizada responde a iluminação relativa e ângulos de visualização. (Fonte: ABNT NBR ISO 16757-2:2018.)

Tarefa técnica: Tarefas técnicas específicas do BIM são aquelas desempenhadas por usuários técnicos e tipicamente incluem gerenciamento de dados, modelagem, desenho, detalhamento etc. Tarefas técnicas focam mais o produto-entregável do que o produto-serviço. (Fonte: BIMDictionary.)

Template: Arquivo (gabarito) que contém as diretrizes para o desenvolvimento de um tipo de objeto BIM, ou todos os objetos prováveis para um determinado gênero de projeto. São arquivos proprietários, que seguem as regras de seu fornecedor. (Fonte: adaptado do Regulamento da Biblioteca Nacional BIM, 2018.)

Tipo de objeto BIM: É a representação de um produto da construção que atende a uma função e nível de desempenho (no caso de objetos BIM genéricos); nesse caso, representa um modelo de fornecedor. No caso de objetos BIM personalizados, eles devem conter as informações mínimas necessárias para que sejam executados corretamente, sendo associadas ao tipo as propriedades de mesmo valor em todas as instâncias. (Fonte: adaptado do Regulamento da Biblioteca Nacional BIM, 2018.)

Treinamento BIM: Treinamento dedicado ao uso de aplicativos BIM e aos fluxos de trabalho associados a eles. (Fonte: BIMDictionary.)

Unidade de construção: Unidade independente do ambiente construído com forma característica e estrutura espacial, destinada a atender a, pelo menos, uma função ou atividade do usuário. (Fonte: ABNT NBR 15965-1:2011 Sistema de classificação da construção – Parte 1: Terminologia e estrutura.). Observação: Uma unidade de construção é a unidade básica do ambiente construído. Pode ser reconhecida como construção fisicamente independente, embora várias entidades de construção possam ser vistas como partes de um complexo de construção específico. Obras complementares, como, vias de acesso, paisagismo, e ligações a redes de serviços, podem ser consideradas como parte de uma unidade de construção. Por outro lado, quando as obras complementares são de porte significativo, elas também podem ser consideradas como unidades de construção distintas.

Uso do modelo: Os entregáveis do empreendimento pretendidos ou esperados a partir da criação de modelos, da colaboração sobre eles e sua ligação a bancos de dados externos. Um uso do modelo representa as interações entre um usuário e um sistema de modelagem para gerar entregáveis derivados do modelo. Há dezenas de usos do modelo, incluindo detecção de interferências, estimativa de custo e gestão do espaço. (Fonte: BIMDictionary.)

Validação do modelo: Processo de verificação de modelos para possíveis perdas de dados, corrupção de dados ou incompatibilidade com especificações definidas. A validação do modelo normalmente ocorre durante/após as atividades de intercâmbio ou troca de modelos. Como um termo, a validação do modelo pode referir-se a uma atividade manual ou a uma tarefa automatizada. (Fonte: BIMDictionary.)

Visualizador de modelo: Aplicação de *software* que permite aos usuários inspecionar e navegar informação do empreendimento no modelo de acordo com definições de visão do modelo (MVD) *ad hoc* ou padronizadas. Ao contrário de servidores de modelo, modelos acessados por meio de um visualizador de modelo são de apenas leitura e não podem ser modificados. Autodesk Navisworks e Solibri Model Checker são exemplos de visualizadores de modelo. Veja também aplicativo BIM. (Fonte: BIMDictionary.)

Referências bibliográficas

ABNT. NBR ISO 12006-2:2018 Construção de edificação – Organização de informação da construção – Parte 2: Estrutura para classificação de informação.

ABNT. NBR ISO 16354:2013 Diretrizes para as bibliotecas de conhecimento e bibliotecas de objetos.

ABNT. NBR ISO 16757-1:2017 Estruturas de dados para catálogos eletrônicos de produtos para sistemas prediais – Parte 1: Conceitos, arquitetura e modelo.

ABNT. NBR ISO 16757-2:2017 Estruturas de dados para catálogos eletrônicos de produtos para sistemas prediais – Parte 2: Geometria.

BIMDictionary. Disponível em: https://bimdictionary.com/. Acesso em: 09 abr. 2018.

ISO 15686-1:2011. *Buildings and constructed assets – Service life planning – Part 1: General principles and framework.*

Regulamento da Biblioteca Nacional BIM (BNBIM): requisitos e diretrizes para avaliação e aceitação de objetos BIM. Disponível em: https://bim.abdi.com.br/bimBr/#/. Acesso em: 09 abr. 2018.

Índice alfabético

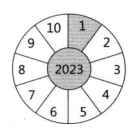